致力于绿色发展的城乡建设

城乡基础设施效率与体系化

全国市长研修学院系列培训教材编委会　编写

中国建筑工业出版社

图书在版编目（CIP）数据

城乡基础设施效率与体系化/全国市长研修学院系列培训教材编委会编写. —北京：中国建筑工业出版社，2019.7
（致力于绿色发展的城乡建设）
ISBN 978-7-112-23962-7

Ⅰ.①城… Ⅱ.①全… Ⅲ.①城乡建设－基础设施建设－研究－中国 Ⅳ.①TU984.2②F299.24

中国版本图书馆CIP数据核字（2019）第137899号

责任编辑：尚春明　咸大庆　郑淮兵　张幼平
责任校对：赵　颖

致力于绿色发展的城乡建设
城乡基础设施效率与体系化
全国市长研修学院系列培训教材编委会　编写
*
中国建筑工业出版社出版、发行（北京海淀三里河路9号）
各地新华书店、建筑书店经销
北京锋尚制版有限公司制版
北京富诚彩色印刷有限公司印刷
*
开本：787×1092毫米　1/16　印张：9¼　字数：123千字
2019年11月第一版　2019年11月第一次印刷
定价：72.00元
ISBN 978-7-112-23962-7
（34244）

版权所有　翻印必究
如有印装质量问题，可寄本社退换
（邮政编码100037）

全国市长研修学院系列培训教材编委会

主　　　　任：王蒙徽
副　主　　任：易　军　　倪　虹　　黄　艳　　姜万荣
　　　　　　　常　青
秘　书　　长：潘　安
编　　　　委：周　岚　　钟兴国　　彭高峰　　由　欣
　　　　　　　梁　勤　　俞孔坚　　李　郇　　周鹤龙
　　　　　　　朱耀垠　　陈　勇　　叶浩文　　李如生
　　　　　　　李晓龙　　段广平　　秦海翔　　曹金彪
　　　　　　　田国民　　张其光　　张　毅　　张小宏
　　　　　　　张学勤　　卢英方　　曲　琦　　苏蕴山
　　　　　　　杨佳燕　　朱长喜　　江小群　　邢海峰
　　　　　　　宋友春

组　织　单　位：中华人民共和国住房和城乡建设部
　　　　　　　　（编委会办公室设在全国市长研修学院）
办　公　室　主　任：宋友春（兼）
办　公　室　副　主　任：陈　付　　逄宗展

贯彻落实新发展理念
推动致力于绿色发展的城乡建设

习近平总书记高度重视生态文明建设和绿色发展,多次强调生态文明建设是关系中华民族永续发展的根本大计,我们要建设的现代化是人与自然和谐共生的现代化,要让良好生态环境成为人民生活的增长点、成为经济社会持续健康发展的支撑点、成为展现我国良好形象的发力点。生态环境问题归根结底是发展方式和生活方式问题,要从根本上解决生态环境问题,必须贯彻创新、协调、绿色、开放、共享的发展理念,加快形成节约资源和保护环境的空间格局、产业结构、生产方式、生活方式。推动形成绿色发展方式和生活方式是贯彻新发展理念的必然要求,是发展观的一场深刻革命。

中国古人早就认识到人与自然应当和谐共生,提出了"天人合一"的思想,强调人类要遵循自然规律,对自然要取之有度、用之有节。马克思指出"人是自然界的一部分",恩格斯也强调"人本身是自然界的产物"。人类可以利用自然、改造自然,但归根结底是自然的一部分。无论从世界还是从中华民族的文明历史看,生态环境的变化直接影响文明的兴衰演替,我国古代一些地区也有过惨痛教训。我们必须继承和发展传统优秀文化的生态智慧,尊重自然,善待自然,实现中华民族的永续发展。

随着我国社会主要矛盾转化为人民日益增长的美好生活需要和不平衡不充分的发展之间的矛盾,人民群众对优美生态环境的需要已经成为这一矛盾的重要方面,广大人民群众热切期盼加快提高生态环境和人居环境质量。过去改革开放 40 年主要解决了"有没有"的问题,现在要着力解决"好不好"的问题;过去主要追求发展速度和规模,现在要更多地追求质量和效益；过去主要满足温饱等基本需要，现在要着力促进人的全面发展；过去发展方式重经济轻环境，现在要强调"绿水青山就是金山银山"。我们要顺应新时代新形势新任务，积极回应人民群众所想、所盼、所急，坚持生态优先、绿色发展，满足人民日益增长的对美好生活的需要。

我们应该认识到，城乡建设是全面推动绿色发展的主要载体。城镇和乡村，是经济社会发展的物质空间，是人居环境的重要形态，是城乡生产和生活活动的空间载体。城乡建设不仅是物质空间建设活动，也是形成绿色发展方式和绿色生活方式的行动载体。当前我国城乡建设与实现"五位一体"总体布局的要求，存在着发展不平衡、不协调、不可持续等突出问题。一是整体性缺乏。城市规模扩张与产业发展不同步、与经济社会发展不协调、与资源环境承载力不适应；城市与乡村之间、城市与城市之间、城市与区域之间的发展协调性、共享性不足，城镇化质量不高。二是系统性不足。生态、生产、生活空间统筹不够，资源配置效率低下；城乡基础设施体系化程度低、效率不高，一些大城市"城市病"问题突出，严重制约了推动形成绿色发展方式和绿色生活方式。三是包容性不够。城乡建设"重物不重人"，忽视人与自然和谐共生、人与人和谐共进的关系，忽视城乡传统山水空间格局和历史文脉的保护与传承，城乡生态环境、人居环境、基础设施、公共服务等方面存在不少薄弱环节，不能适应人民群众对美好生活的需要，既制约了经济社会的可持续发展，又影响了人民群众安居乐业，人民群众的获得感、幸福感和安全感不够充实。因此，我们必须推动"致力于绿色发展的城乡建设"，建设美丽城镇和美丽乡村，支撑经济社会持续健康发展。

我们应该认识到，城乡建设是国民经济的重要组成部分，是全面推动绿色发展的重要战场。过去城乡建设工作重速度、轻质量，重规模、轻效益，重眼前、轻长远，形成了"大量建设、大量消耗、大量排放"的城乡建设方式。我国每年房屋新开工面积约 20 亿平方米，消耗的水泥、玻璃、钢材分别占全球总消耗量的 45%、40% 和 35%；建筑能源消费总量逐年上升，从 2000 年 2.88 亿吨标准煤，增长到 2017 年 9.6 亿吨标准煤，年均增长 7.4%，已占全国能源消费总量的 21%；北方地区集中采暖单位建筑面积实际能耗约 14.4 千克标准煤；每年产生的建筑垃圾已超过 20 亿吨，约占城市固体废弃物总量的 40%；城市机动车排放污染日趋严重，已成为我国空气污染的重要来源。此外，房地产业和建筑业增加值约占 GDP 的 13.5%，产业链条长，上下游关联度高，对高能耗、高排放的钢铁、建材、石化、有色、化工等产业有重要影响。因此，推动"致力于绿色发展的城乡建设"，转变城乡建设方式，推广适于绿色发展的新技术新材料新标准，建立相适应的建设和监管体制机制，对促进城乡经济结构变化、促进绿色增长、全面推动形成绿色发展方式具有十分重要的作用。

时代是出卷人，我们是答卷人。面对新时代新形势新任务，尤其是发展观的深刻革命和发展方式的深刻转变，在城乡建设领域重点突破、率先变革，推动形成绿色发展方式和生活方式，是我们责无旁贷的历史使命。

推动"致力于绿色发展的城乡建设"，走高质量发展新路，应当坚持六条基本原则。一是坚持人与自然和谐共生原则。尊重自然、顺应自然、保护自然，建设人与自然和谐共生的生命共同体。二是坚持整体与系统原则。统筹城镇和乡村建设，统筹规划、建设、管理三大环节，统筹地上、地下空间建设，不断提高城乡建设的整体性、系统性和生长性。三是坚持效率与均衡原则。提高城乡建设的资源、能源和生态效率，实现人口资源环境的均衡和经济社会生态效益的统一。四是坚持公平与包容原则。促进基础设施和基本公共服务的均等化，让建设成果更多更公平惠及全体人民，实现人与人的和谐发展。五是坚持传承与发展原则。在城乡建设中保护弘扬中华优秀传统文化，在继承中发展，彰显特色风貌，让居民望得见山、看得见水、记得住乡愁。六是坚持党的全面领导原则。把党的全面领导始终贯穿"致力于绿色发展的城乡建设"的各个领域和环节，为推动形成绿色发展方式和生活方式提供强大动力和坚强保障。

推动"致力于绿色发展的城乡建设",关键在人。为帮助各级党委政府和城乡建设相关部门的工作人员深入学习领会习近平生态文明思想,更好地理解推动"致力于绿色发展的城乡建设"的初心和使命,我们组织专家编写了这套以"致力于绿色发展的城乡建设"为主题的教材。这套教材聚焦城乡建设的12个主要领域,分专题阐述了不同领域推动绿色发展的理念、方法和路径,以专业的视角、严谨的态度和科学的方法,从理论和实践两个维度阐述推动"致力于绿色发展的城乡建设"应当怎么看、怎么想、怎么干,力争系统地将绿色发展理念贯穿到城乡建设的各方面和全过程,既是一套干部学习培训教材,更是推动"致力于绿色发展的城乡建设"的顶层设计。

专题一:明日之绿色城市。 面向新时代,满足人民日益增长的美好生活需要,建设人与自然和谐共生的生命共同体和人与人和谐相处的命运共同体,是推动致力于绿色发展的城市建设的根本目的。该专题剖析了"城市病"问题及其成因,指出原有城市开发建设模式不可持续、亟需转型,在继承、发展中国传统文化和西方人文思想追求美好城市的理论和实践基础上,提出建设明日之绿色城市的目标要求、理论框架和基本路径。

专题二:绿色增长与城乡建设。 绿色增长是不以牺牲资源环境为代价的经济增长,是绿色发展的基础。该专题阐述了我国城乡建设转变粗放的发展方式、推动绿色增长的必要性和迫切性,介绍了促进绿色增长的城乡建设路径,并提出基于绿色增长的城市体检指标体系。

专题三:城市与自然生态。 自然生态是城市的命脉所在。该专题着眼于如何构建和谐共生的城市与自然生态关系,详细分析了当代城市与自然关系面临的困境与挑战,系统阐述了建设与自然和谐共生的城市需要采取的理念、行动和策略。

专题四:区域与城市群竞争力。 在全球化大背景下,提高我国城市的全球竞争力,要从区域与城市群层面入手。该专题着眼于增强区域与城市群的国际竞争力，分析了致力于绿色发展的区域与城市群特征，介绍了如何建设具有竞争力的区域与城市群，以及如何从绿色发展角度衡量和提高区域与城市群竞争力。

专题五：城乡协调发展与乡村建设。绿色发展是推动城乡协调发展的重要途径。该专题分析了我国城乡关系的巨变和乡村治理、发展面临的严峻挑战，指出要通过"三个三"（即促进一二三产业融合发展，统筹县城、中心镇、行政村三级公共服务设施布局，建立政府、社会、村民三方共建共治共享机制），推进以县域为基本单元就地城镇化，走中国特色新型城镇化道路。

专题六：城市密度与强度。城市密度与强度直接影响城市经济发展效益和人民生活的舒适度，是城市绿色发展的重要指标。该专题阐述了密度与强度的基本概念，分析了影响城市密度与强度的因素，结合案例提出了确定城市、街区和建筑群密度与强度的原则和方法。

专题七：城乡基础设施效率与体系化。基础设施是推动形成绿色发展方式和生活方式的重要基础和关键支撑。该专题阐述了基础设施生态效率、使用效率和运行效率的基本概念和评价方法，指出体系化是提升基础设施效率的重要方式，绿色、智能、协同、安全是基础设施体系化的基本要求。

专题八：绿色建造与转型发展。绿色建造是推动形成绿色发展方式的重要领域。该专题深入剖析了当前建造各个环节存在的突出问题，阐述了绿色建造的基本概念，分析了绿色建造和绿色发展的关系，介绍了如何大力开展绿色建造，以及如何推动绿色建造的实施原则和方法。

专题九：城市文化与城市设计。生态、文化和人是城市设计的关键要素。该专题聚焦提高公共空间品质、塑造美好人居环境，指出城市设计必须坚持尊重自然、顺应自然、保护自然，坚持以人民为中心，坚持以文化为导向，正确处理人和自然、人和文化、人和空间的关系。

专题十：统筹规划与规划统筹。 科学规划是城乡绿色发展的前提和保障。该专题重点介绍了规划的定义和主要内容，指出规划既是目标，也是手段；既要注重结果，也要注重过程。提出要通过统筹规划构建"一张蓝图"，用规划统筹实施"一张蓝图"。

专题十一：美好环境与幸福生活共同缔造。 美好环境与幸福生活共同缔造，是促进人与自然和谐相处、人与人和谐相处，构建共建共治共享的社会治理格局的重要工作载体。该专题阐述了在城乡人居环境建设和整治中开展"美好环境与幸福生活共同缔造"活动的基本原则和方式方法，指出"共同缔造"既是目的，也是手段；既是认识论，也是方法论。

专题十二：政府调控与市场作用。 推动"致力于绿色发展的城乡建设"，必须处理好政府和市场的关系，以更好发挥政府作用，使市场在资源配置中起决定性作用。该专题分析了市场主体在"致力于绿色发展的城乡建设"中的关键角色和重要作用，强调政府要搭建服务和监管平台，激发市场活力，弥补市场失灵，推动城市转型、产业转型和社会转型。

绿色发展是理念，更是实践；需要坐而谋，更需起而行。我们必须坚持以习近平新时代中国特色社会主义思想为指导，坚持以人民为中心的发展思想，坚持和贯彻新发展理念，坚持生态优先、绿色发展的城乡高质量发展新路，推动"致力于绿色发展的城乡建设"，满足人民群众对美好环境与幸福生活的向往，促进经济社会持续健康发展，让中华大地天更蓝、山更绿、水更清、城乡更美丽。

王蒙徽

2019 年 4 月 16 日

前言

基础设施历史悠久，随经济社会的发展不断演变进化，是人类文明的重要标志。城乡基础设施通常包括交通、水、能源、环卫、通信等设施，为城乡生活、生产、生态提供最基本的服务和保障。

城乡基础设施的效率和体系化是致力于绿色发展的城乡建设的重要支撑。城乡基础设施在提升城市竞争力、改善人居环境质量、保障城乡安全、促进地区经济增长、推动形成绿色发展方式和生活方式等方面具有重要作用，是大力推进生态文明建设、推动高质量发展的重要载体。

在对城乡基础设施的效率进行评估时，应综合考虑基础设施的社会效益、经济效益和生态效益。与重规模、重建设的传统效率观相比，致力于绿色发展的基础设施效率观，更加注重以人为本，更加关注生态环境可持续发展。基础设施的体系化，要充分考虑基础设施各系统众要素间的相互关联和影响，提出系统性的解决方法，使人和自然的发展得以统筹兼顾，以达到和谐共生的目标。

本书分成五章。第一章，介绍基础设施的概念，说明其主要特点以及对城市竞争力、人居环境、绿色发展等方面的作用和意义，强调基础设施的效率和体系化对于城乡绿色发展的重要性。第二章，对标国际标准，贯彻绿色发展理念，阐述三位一体的效率观，介绍通用的评价框架，并就不同的基础设施提出建议：哪些是基本的指标，哪些是核心指标，同时指出效率提升的基础在于城乡基础设施的体系化。第三章，讲述城乡基础设施体系化策略，包括规划统筹、优先发展、因地制宜、合理承载、政策调控、共建共享等内容。第四章，着眼效率提升，围绕绿色、智能、协同、安全四个主题，探讨城乡基础设施体系化的优化措施。第五章，介绍国内外六个创新实践案例，以期为我国城乡基础设施效率提升和体系化发展，提供借鉴和思路。

　　本书主要面向城市管理者、决策者，以及城市规划、设计和建设的从业人员。为此，着重介绍了在城乡基础设施方面应重点关注什么内容，什么是好的标准，以及管理者和决策者主要应该抓什么。

　　鉴于我国幅员辽阔，各地区发展水平有很大差异，城市的管理者应根据自身实际情况，客观评估自身基础设施的发展水平和主要问题，采取针对性的措施对城乡基础设施进行优化。

目录

01 概论 ... 1

1.1 基础设施的概念 ... 2
1.2 基础设施的意义与作用 ... 7

02 城乡基础设施的效率 ... 17

2.1 三位一体的效率观 ... 18
2.2 效率评估的基本框架 ... 20
2.3 评价标准和核心指标 ... 29
2.4 基础设施的效率在于体系化 ... 38

03 城乡基础设施体系化策略 ... 43

3.1 规划统筹 ... 44
3.2 优先发展 ... 50
3.3 因地制宜 ... 51
3.4 合理承载 ... 54
3.5 政策调控 ... 57
3.6 共建共享 ... 59

04 城乡基础设施的优化措施 ⋯⋯⋯⋯⋯⋯⋯⋯⋯⋯⋯ 63

4.1 绿色化 ⋯⋯⋯⋯⋯⋯⋯⋯⋯⋯⋯⋯⋯⋯⋯⋯⋯⋯ 64
4.2 智能化 ⋯⋯⋯⋯⋯⋯⋯⋯⋯⋯⋯⋯⋯⋯⋯⋯⋯⋯ 78
4.3 协同性 ⋯⋯⋯⋯⋯⋯⋯⋯⋯⋯⋯⋯⋯⋯⋯⋯⋯⋯ 86
4.4 安全性 ⋯⋯⋯⋯⋯⋯⋯⋯⋯⋯⋯⋯⋯⋯⋯⋯⋯⋯ 92

05 案例 ⋯⋯⋯⋯⋯⋯⋯⋯⋯⋯⋯⋯⋯⋯⋯⋯⋯⋯⋯⋯ 99

5.1 浙江:"千万工程"造就万千"美丽乡村" ⋯⋯⋯⋯ 100
5.2 上海:垃圾分类新时尚 ⋯⋯⋯⋯⋯⋯⋯⋯⋯⋯⋯ 104
5.3 江苏:绿色电网清洁发展 ⋯⋯⋯⋯⋯⋯⋯⋯⋯⋯ 108
5.4 库里蒂巴:公交都市的典范 ⋯⋯⋯⋯⋯⋯⋯⋯⋯ 112
5.5 广州:从邻避走向邻利的京溪污水处理厂 ⋯⋯⋯ 117
5.6 南宁:智慧化城市防涝预警监控系统 ⋯⋯⋯⋯⋯ 122

参考文献 ⋯⋯⋯⋯⋯⋯⋯⋯⋯⋯⋯⋯⋯⋯⋯⋯⋯⋯ 127

后记 ⋯⋯⋯⋯⋯⋯⋯⋯⋯⋯⋯⋯⋯⋯⋯⋯⋯⋯⋯⋯ 132

01

概 论

- 基础设施历史悠久。基础设施为我们带来各种便利,为城乡生产、生活、生态提供最基本的服务和保障,是绿色发展方式和生活方式的重要载体。

1.1 基础设施的概念

基础设施是交通、水、能源、环卫、信息通信技术等设施的统称，它们保障城乡正常运行，为居民的生产、生活和城乡生态环境提供最基本的服务和保障。

基础设施历史悠久。最初的基础设施主要是给排水设施和交通设施。从殷商时期的排水套管和陶制三通管（图 1-1）到伍子胥相土尝水为苏州选址，[1] 从"经涂九轨，环涂七轨，野涂五轨"[2] 到秦始皇修筑驰道[3]（图 1-2），以及与古罗马版图同步延伸到欧洲各地的罗马大道和引水桥（图 1-3），凡此种种，无不说明基础设施与人类生活的关系密切。

[1] 公元前 514 年。

[2] 《周礼·考工记·匠人》对经涂（城内主干道）、环涂（环城道路）、野涂（城外道路）宽度分别作出了规定。

[3] 公元前 220 年，秦始皇统一中国后第二年开始修筑以咸阳为中心的驰道网。其中最为著名的便是从陕西淳化到内蒙古包头、直线距离长达 700km 的秦驰道，历经 1800 多年的使用，清朝初年渐趋湮塞。

图 1-1 殷墟出土的公元前 1000 年左右的陶制三通管

图 1-2 秦代驰道图

图 1-3 塞戈维亚的古罗马引水桥

资料来源：丁辰

近代工业革命以来，基础设施的发展一日千里——蒸汽机推动轮船和火车的诞生，爱迪生发明电灯，贝尔发明电话；能源设施、环卫设施，尤其是现代交通和现代信息通信技术将城乡聚落紧密地连接在一起，无处不在，形成从空中到地下、从陆地到海域的基础设施立体网络，成为我们日常生活不可分割的一部分。

在城市和乡村，人们每天打开水龙头、开灯、上厕所、接入无线网络、扔垃圾，开车或利用公共交通出门，在市场购买各地的货物，无不依靠覆盖广泛、结构复杂并习以为常的基础设施。

今天，像上海这样的超大城市，拥有平均每天客运量近千万人次的轨道交通系统，13000多千米的电缆，输送千万吨自来水的供水系统，以及处理两万多吨生活垃圾的环卫设施系统，[1] 居民楼、商业区、工厂消耗着大量的电力，百万千兆的数据在通信线路中涌流。

完整的基础设施系统通常由以下最基本的环节组成：

供给端——客运站、水厂、污水厂、发电厂、垃圾焚烧厂、机房等设施；

中继站——公交站、泵站、变电站、垃圾中转站、无线基站等设施；

载体通道——道路、给排水管、油气管道、电缆、光纤等设施；

需求终端——居民楼、商场、办公楼、工厂、医院、学校、加油（气）站、公园等设施。

1.1.1 基础设施的分类

本书参考国际标准化组织智慧城市基础设施计量分技术委员会[2] 定

---

[1] 根据上海统计年鉴2018整理。

[2] 2012年，国际标准化组织响应各方需求建立国际标准化组织智慧城市可持续发展技术委员会和国际标准化组织智慧城市基础设施计量分技术委员会。后者主要负责城市基础设施的标准化工作，为城市基础设施提供全球统一的标准。

义的五大类基础设施，结合国内常用的城乡规划基本术语，将基础设施分为：

（1）交通基础设施：主要指为交通运输活动提供服务的设施。包括：区域性交通设施如公路及其场站、铁路及其场站、航道及港口码头、航线及机场等设施；服务于城市的交通设施如各级城市道路及附属设施、公共交通线路及场站、慢行交通网络及设施、停车设施、客货运枢纽等设施（图1-4）。

图1-4　交通基础设施

（2）水基础设施：分为给水工程设施、排水工程设施、防洪排涝工程设施。给水工程基础设施，指原水取集、输送、处理和成品水供配设施；排水工程基础设施，指污水和雨水收集、输送、处理、再生和处置设施；防洪排涝工程是为抵御和减轻洪水及内涝对城市造成灾害性损失而兴建的设施（图1-5）。

（3）能源基础设施：分为电力工程基础设施、供热工程基础设施、燃气工程基础设施。电力工程基础设施为生产、输送和分配电能的各项设施，主要包括各类发电厂、变电站、开闭所、电力线路等设施。供热工程基础设施为生产、输送和使用蒸汽、热水等热能的各项设施，主要包括热源、热网、热交换站及其附属设施。燃气工程基础设施为生产、输送和使用人工煤气、天然气、液化石油气的相关设施，包括气源、输配管网、储备站、调压站等（图1-6）。

（4）环卫基础设施：指改善环境卫生、限制或消除废弃物危害的各类工程设施。包括收集、运输、处理、综合利用废弃物的过程中所需的构筑物、建筑物和基地，具体包括垃圾焚烧厂、填埋场、垃圾中转站等（图1-7）。

（5）信息通信技术基础设施：分为传统的电信基础设施和新兴的智慧城市基础设施。前者指的是提供电信、广播、有线电视、互联网以及邮政服务和相关社会公共信息的各类网络设备和线路，包括各级网络机房、基站、线路、微波站、邮政局所等及其附属设施。后者主要指智慧城市信息传输与处理设施，包括云计算平台、信息安全服务平台、测试中心，以及嵌入交通、水、能源、环卫等基础设施的传感器（图1-8）。

图1-5　水基础设施

图1-6　能源基础设施

图1-7　环卫基础设施

图1-8　信息通信基础设施

1.1.2 基础设施的特点

（1）系统高度复杂

基础设施是由多个子系统构成的一个整体，系统性强，缺一不可。基础设施的复杂性体现在子系统各成体系、专业性强，子系统间错综复杂，相互关联。

（2）涉及部门众多

基础设施所涉及的政府部门和公用事业单位，因各城市机构设置不同而有所差异。政府部门主要包括发展改革、自然资源、住房和城乡建设、交通等单位，而公用事业单位主要包括供电局、自来水公司、燃气公司、公交公司等，还包括社会上其他的设施和服务供给商。

（3）公众关注热点

城乡基础设施的投资建设对提高经济发展水平、改善人居环境质量具有重要作用，同时城乡基础设施特别是邻避型基础设施的建设和运行，有可能带来环境影响等问题。由于基础设施与居民日常生活息息相关，因此其规划、建设、管理的一举一动都容易受到城乡居民的广泛关注（图 1-9）。

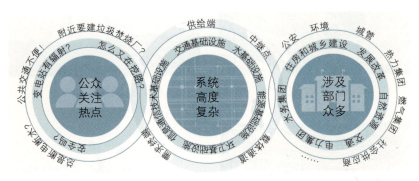

图 1-9　基础设施的特点

1.2 基础设施的意义与作用

世界银行在分析了基础设施的成就、挑战和机会后指出：发展中国家需要大力发展基础设施。基础设施具有促进长期经济增长的动力机制（图1-10）。可以说我国的经济发展、全要素生产率提升、区域经济一体化和农村居民收入的增长都得益于我国三大基础设施（交通、信息、能源）的建设。

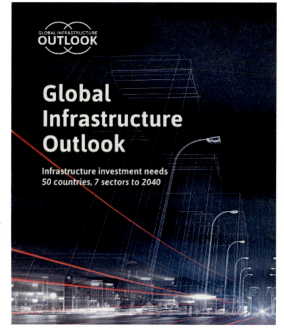

图1-10 《全球基础设施展望》这是一份详细的调研报告，基于报告和在线分析工具，各经济体的政府、企业和基础设施机构能够对2040年全球基础设施投资需求进行分析和预测

基础设施在满足民生需求、保障城乡安全、促进经济发展、提升城市竞争力、推动生态文明建设等方面具有重要作用。总的来说，基础设施的作用主要体现在以下方面：

1.2.1 基础设施满足基本民生需要

著名的胡焕庸线揭示了我国人口地理分布的基本规律，而这条线与400mm等降水量线基本重合，恰好反映出水资源供给与人口密度的高度相关性。

2016年1月1日正式启动的联合国《2030年可持续发展议程》提出"不会落下每一个人"的17项发展目标，其中目标6"为所有人提供水和环境卫生并对其进行可持续管理"、目标7"确保人人获得负担得起的、可靠和可持续的现代能源"、目标9"建造具备抵御灾害能力的基础设施，促进具有包容性的可持续工业化，推动创新"都是关于基础设施服务的基本要求（图1-11）。

图1-11 与基础设施相关的三项可持续发展目标
资料来源：根据联合国可持续发展目标改绘

如果基础设施提供的服务不达标，如"垃圾靠风刮、污水靠蒸发"的环卫处理方式，不稳定的供水、供电系统，那么，城市、乡村的人居环境质量就难以得到保障。

改善人居环境质量，基础设施补短板是重要抓手。在旧城更新的过程中对现有市政管网进行改造，优化和提升交通管理与设施配置，解决水电气路邮"最后一公里"问题，可以真正实现"老城市、新活力"。

对于乡村振兴而言，基础设施建设同样是人居环境整治提升的重点，主要包括农村饮水安全工程，行政村通硬化路并向自然村延伸，农村的电网改造，以及农村垃圾污水治理和厕所革命等工作。

浙江——"千万工程"造就万千"美丽乡村"

浙江"千万工程"从环境整治、改水改厕、村道硬化、污水治理等工作做起，不断改善农村人居环境，"不仅对全国有示范作用，在国际上也得到认可"（图1-12）。目前，全省农村生活垃圾集中处理建制村全覆盖，卫生厕所覆盖率98.6%，规划保留村生活污水治理覆盖率100%，畜禽粪污综合利用、无害化处理率达到97%。[1] 具体内容详见5.1。

1 《扎实推进农村人居环境整治工作》，《人民日报》2019年3月7日第1版。

图1-12 浙江村庄水环境整治前后对比
资料来源：联合国地球卫士奖颁奖视频

1.2.2 基础设施保障城市健康安全运行

基础设施系统缺失或功能失灵有可能引发严重的城市病。在最极端的情况下，中世纪欧洲城市糟糕的卫生环境成为黑死病肆虐的舞台，而大量使用煤炭作为能源供应直接引发了伦敦烟雾事件。为应对种种自然和人为灾害，必须逐步建立和完善现代下水排污系统、垃圾处理系统、现代能源体系，以保障城乡安全。

保证城市有一个科学畅通的排水系统和防洪系统，是城市及时排除积水，避免受到洪涝灾害威胁的重要保障。例如为了防止集中暴雨而采用地下盾构技术建造的巨型隧道——东京圈排水系统，可以防止台风季节因为暴雨而可能出现的水灾，守卫日本东京地区，避免受水灾侵袭。2012年北京特大暴雨给城市带来重大损失，[2] 频繁出现的城

2 根据北京市政府举行的灾情通报会，此次暴雨造成房屋倒塌10660间，160.2万人受灾，经济损失116.4亿元。

市内涝也为城市安全管理敲响了警钟，倒逼各地加快海绵城市建设，提升城市排涝抗灾能力。

在工业化和城镇化进程中，人们的生活和生产方式发生了革命性的变化，垃圾产生量急剧增加，垃圾特别是电子垃圾、工业垃圾、医疗垃圾已经难以通过自然循环加以消纳。由于不恰当的垃圾处理方式——垃圾渗漏、不规范焚烧等，城市和乡村正在被垃圾所吞噬，生态环境持续恶化。高效卫生的垃圾处理设施和分类制度可以减少污染，为公共健康作贡献。

1.2.3 基础设施促进经济持续发展

基础设施的投资能带来成倍的经济效益和社会效益增长，通常称为基础设施的乘数效应。一个地区的基础设施是否完善，是其经济发展和社会稳定的重要基础。20世纪30年代的"罗斯福新政"看重基础设施的投资比重，加大基础设施的投入，造就了后期美国经济的发展。[1]

城乡基础设施的投资规模与国民经济增长呈正相关关系。基础设施投资的增长带动经济增长，高效率的基础设施投资对国内生产总值贡献明显。

2008年国际金融危机后，我国政府通过大量的基础设施投资来拉动经济增长，防止经济出现大幅下滑——次年基础设施投资占国内生产总值的比重达到12%左右，为经济平稳运行作出巨大贡献。2012年以后，基础设施投资贡献率常年稳定在10%以上，在"稳增长、促改革、调结构、惠民生、防风险"的过程中持续发挥重要作用，缓解产能过剩的同时确保了经济持续增长（图1-13）。

除了投资直接带来的经济总量增长，基础设施项目建设及持续运

---

1 田纳西工程是在罗斯福新政时期政府主导的大规模的基础设施建设的代表，基建项目为后期美国的经济发展打下了坚实的基础。

图 1-13　我国 1978—2014 年基础设施投资对 GDP 增长的贡献率[1]

[1] 资料来源：根据胡李鹏、樊纲、徐建国：《中国基础设施存量的再测算》，《经济研究》2016 年第 8 期改绘。左图所指的基础设施依据 2003 年以前国民经济行业分类标准，包括电力、燃气及水的生产和供应业，交通运输、仓储及邮电通信业，地质勘查业、水利管理业三类，与本书所指基础设施有一定偏差。

营对国民经济的拉动作用还包括建设和运营阶段提供的就业机会，对工程机械等上游行业的拉动，以及企业生产成本、市场规模、资源配置等一系列溢出效益。"要想富，先修路"，以道路基础设施为例，除了能直接提供建设和养护的就业岗位外，还能带动水泥、沥青、压路机等关联行业增长，同时降低运输成本、扩大市场规模，通过改善生产生活条件发挥乘数效应。

1.2.4　基础设施是城市竞争力的基本要素

现代交通方式、新一代能源技术、信息技术将进一步重塑城乡发展模式，基础设施的连通度将决定城市的命运，决定城市的竞争力和吸引力。

规模高效的基础设施是经济体竞争力的重要组成部分。根据世界经济论坛公布的《全球竞争力指数报告 2018》（图 1-14），基础设施方面得分最高的是新加坡，其次是中国香港，美国排名第 9 位，而它们的全球竞争力排名分别为第 2、7、1 位。经济体的基础设施发展水平与全球竞争力有较大的相关性。在 140 个国家和地区中，中国大陆排名第 28 位（基础设施排名 29），[2] 在新兴经济体金砖国家中排名首位，

[2] 中国香港的竞争力排名第 7 位，基础设施排名第 2 位；中国台湾的竞争力排名第 13 位，基础设施排名第 22 位。

图 1-14 《全球竞争力指数报告 2018》
基础设施和信息通信技术应用分别为 12 个类别中的两类，全球竞争力指数涉及 98 项指标，基础设施包含 12 项，信息通信技术包含 5 项

以 72.6 分领先于俄罗斯（65.6 分）、印度（62.0 分）、南非（60.8 分）和巴西（59.5 分）（图 1-15）。

博鳌亚洲论坛发布的《亚洲竞争力年度报告》，同样将基础设施状况作为经济体竞争力的 5 个评价维度[1]之一。凭借交通网络密度提升、互联网宽带提速等措施，2018 年中国基础设施状况排名提升两位至 12 名，总排名保持第 9 位，进一步缩小了与韩国、中国台湾、新加坡和中国香港等排名前列国家和地区的差距。

纵观不同时代、不同发展阶段的国家与城市，标志其竞争力与吸

---

1 5 个评价维度分别为商业行政效率、基础设施状况、整体经济活力、社会发展水平、人力资本与创新能力。

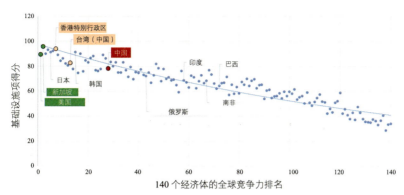

图 1-15　140 个经济体的基础设施得分与全球竞争力关系
资料来源：根据《全球竞争力指数报告 2018》绘制

引力的往往是能代表先进生产力的基础设施：可能是一座享誉全球的国际机场，比如连续七年被评为"全球最佳机场"的新加坡樟宜国际机场；也可能是一条承载民众记忆的公路或桥梁，比如 1987 年建成的中国大陆第一条城市高架桥——广州人民路高架，对当时的交通疏导与城市发展起到了立竿见影的效果，亦成为那个时代广州市民的骄傲。

1.2.5　基础设施是绿色发展方式和生活方式的载体

"建设生态文明是中华民族永续发展的千年大计"。推动形成绿色发展方式和生活方式是生态文明建设的重要内容。缺乏健康效率观的基础设施导致资源能源的过度消耗，更导致不健康的发展方式和生活方式。

绿色发展方式和生活方式即在实现同等诉求的前提下，尽可能减少对土地、水、煤、气等资源能源的利用，同时减少废水、废气、固体废物等污染排放（图 1-16）。

目前普遍认为，我们人类活动带来的影响正逼近地球的承载力极限，要满足人们对基础设施服务不断增长的需要，必须同时协调好基

图 1-16　社会生产、居民生活与生态环境关系

础设施建设与可持续发展的矛盾。因此，必须采取体系化的方法，统筹兼顾，平衡不同人群、不同相关方的利益，妥善处理人与自然和谐共生的关系。

基础设施的共同特性决定了提升基础设施效率可以对城乡绿色发展发挥重要作用。首先，基础设施如水、电、油、气等设施，本质上就是各种资源、能源加工和传输的综合系统。经验表明，从供给端到中继站，经过管线，直到终端客户，减少资源能源在各环节的损耗流失潜力很大。对于污水和垃圾处理设施，如何应收尽收，全面实现无害化处理，直接关系到城乡的生态环境质量；而让污水、垃圾变废为宝，则开辟了资源循环利用的新途径。

城乡基础设施占地规模很大，在营运过程中，或多或少会对环境带来影响。因此，如何提高基础设施的土地使用效率，有效保护生态用地，是一个十分重要的现实问题。此外，解决好基础设施的邻避问题，建设环境影响小、受百姓欢迎的基础设施，也成为越来越重要的课题。无论是节约使用土地，还是从邻避走向邻利，都有很大的潜力，有许多成功的案例可以借鉴。

基础设施的服务可以由多种方式来提供，不同的提供方式，意味着不同的资源使用情况和环境影响结果。基础设施的一个显著特点是生命周期长，一旦实施，它将使城市许多年都要习惯于某种生产和消费模式。如果不慎陷于某种不可持续的发展模式，将来要改变这种状况就要付出很大的代价。这种影响通常称作锁定作用。例如：我们有的城市在选择公交方式时，明明有条件实施轨道交通，但却选择快速公交，结果影响了客运交通效率，而且在很长一段时间内都难以改变这种状况；又如，城市的电力系统，如果选择了主要依靠外部供电的模式，那么已经建成的输配电线路和变电站，将对城市新建电厂或采用分布式能源站产生制约。因此，基础设施尤其是重大基础设施的供给方式决策对地区发展有深远影响，必须认真评估，慎之又慎。

总之，基础设施的效率是城乡绿色发展的抓手，而基础设施效率本身也被赋予了更加丰富的内涵，生态优先、绿色发展有赖于通过基础设施更有效地利用资源和能源，并提供解决环境污染的终极手段。

02

城乡基础设施的效率

● 对标国际标准,本章介绍了基础设施三位一体的效率观,阐述通用的效率评估基本框架。针对不同基础设施的特点,提供相应的评价指标建议以及应关注的核心指标。基础设施的效率在于体系化,只有采用系统性的解决方法,才能使人和自然的效率得以统筹兼顾,达到和谐共生的目标。

2.1 三位一体的效率观

在对城乡基础设施的效率进行评估时，应综合考虑基础设施的社会效益、经济效益和生态效益，统筹考虑各利益相关者的诉求。与重规模、重建设的传统效率观相比，致力于绿色发展的基础设施效率观应更加注重以人为本，更加关注生态环境可持续发展，实现人和自然和谐共生。

国际标准化组织智慧城市基础设施计量分技术委员会 2015 年发布的一项新标准——《精明的区域基础设施——绩效评价的原则和要求》ISO/TS 37151：2015（图 2-1），对建立基础设施三位一体的效率观和开展效率评估有重要的指导意义。

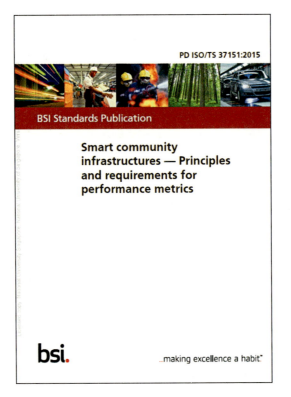

图 2-1 《精明的区域基础设施——绩效评价的原则和要求》ISO/TS 37151：2015

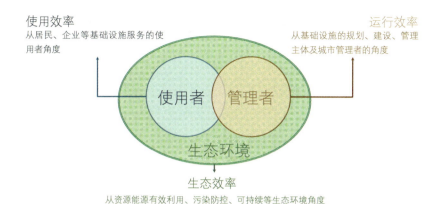

图 2-2 三位一体的城乡基础设施效率观
资料来源：根据 ISO/TS 37151：2015 多视角图改绘

参考这一标准，我们基于使用者、管理者、生态环境三个角度介绍城乡基础设施效率评估的相关要求（图 2-2），包括：

使用效率——使用者的角度。城乡基础设施服务的使用者包括居民、企业等。因此城乡基础设施的效率往往体现为使用者能够直观感受和体会的特征，如基础设施的供给水平、便利水平、使用成本、安全、服务水平等。

运行效率——管理者的角度。城乡基础设施的管理者包括基础设施的规划、建设、管理主体和城市的管理者们。因此，城乡基础设施的效率还体现在基础设施服务的管理绩效，如高效、经济性、信息服务、可维护性、韧性等特征。

生态效率——生态环境的角度。致力于绿色发展的城乡基础设施必然是生态友好型设施。因此，城乡基础设施的效率要求能体现其规划、建设、管理对资源能源高效利用、减缓气候变化、污染防控和生态保护等方面的作用。

2.2 效率评估的基本框架

为全面系统地评估城乡基础设施的效率，在对使用者、管理者、生态环境三方面需求进行分析的基础上构建效率评估的基本框架。基本框架应满足：

- **01** 统筹考虑城市面临的经济、社会、生态问题，促进可持续发展
- **02** 保证相关方（包括居民和企业）的合理需求都能得到兼顾
- **03** 更加重视基础设施建成后提供服务的长期过程
- **04** 关注整体效益特别是城市的韧性与安全
- **05** 具备普适性，包括不同的城市规模、不同的发展阶段、不同的发展特征

2.2.1 使用效率

使用者是城乡基础设施的主要服务对象和受益对象。城乡基础设施的规划、建设、运营应始终遵循以人为本的理念，关注使用效率。

使用效率直接关乎生产生活质量，对使用者的满意度有着重要影响，是评价城乡基础设施效率的重要维度。使用效率具体体现在供给水平、便利水平、使用成本、安全、服务水平等方面。

（1）供给水平

供给水平反映了基础设施服务的基本情况，主要包括各类设施的供应时间、区域覆盖率以及人口普及率。

供应时间是指基础设施提供服务的时间，包括供水时间、供暖时间、垃圾收集时间等指标。供应时间通常跟基础设施发展水平正相关。

区域覆盖率和人口普及率分别以空间和使用者为统计对象，如公交站点 500m 覆盖率、供水供气普及率等，能够比较全面地反映城乡基础设施的供给水平。目前各地基础设施的供给水平整体较高，但区域之间、城乡之间差异较大。2017 年全国城市供水普及率已达到 98.30%，而镇和乡仅为 88.10% 和 78.78%；在江苏省，村庄供水普及率高达 95.61%，而吉林省仅 53.79%。旧城区在排水管网、垃圾处理等方面与新城区间的差距也意味着我国城市基础设施仍有短板，基础设施的补短板仍将是全面提升人居环境工作的重要抓手。

（2）便利水平

便利水平是指广大群众，无论男女老少，无论语言和身体状况等差异程度，获得基础设施提供的服务的方便程度。无障碍设施普及率是比较常见的指标。

（3）使用成本

使用成本即使用基础设施服务所需支付的费用。通过服务价格来体现，具体包括公共交通票价、停车费、水费、污水处理费、垃圾处理费等指标。

（4）安全

安全是指使用者不会因为基础设施及其提供的服务受到伤害，体现为安全性和安保措施两方面。基础设施及其提供的安全服务事关人民生命财产安全，需要做好风险防控，坚决遏制重特大安全事故发生。

安全性的评价指标具体包括万车死亡率、年重大事故率、饮用水水质达标率等，应满足人民日益增长的安全需求，尽量以"零事故、零伤亡"为目标。安保措施则是指具备保障基础设施及其提供服务的安全所采取的措施，如水源地水质监测、基础设施服务监测预警系统

（如燃气泄漏报警装置）等。

（5）服务水平

服务水平是指基础设施向使用者提供服务的能力和质量，主要体现为服务能力、服务质量两方面。服务水平是使用者最直观的感受。

服务能力反映基础设施提供服务的质量，代表了一个地区或城市基础设施的整体发展水平。服务能力可以选取供水设施数量、供水能力、管网长度等总量指标，也可以选取人均道路面积等人均指标。统计资料显示，与我国城镇化快速发展的背景相对应，近年来我国各地交通、能源、水、环卫、信息通信技术等各项城乡基础设施的总量指标与人均指标均有显著增长，城乡基础设施供给水平不断提高。但服务能力指标也存在不均衡的普遍现象，需要与覆盖率、普及率等指标相互参照，共同衡量基础设施效率。

服务质量用于评判基础设施提供服务的优劣，可以采取高峰时段公共交通平均拥挤度、自来水含氯量等指标。服务质量相比服务能力感受更深，如使用者往往会以道路拥堵程度、公交舒适度等指标评判交通基础设施的服务水平。

2.2.2 运行效率

公用事业部门及专业公司是基础设施的投资建设主体和运营主体。基础设施的运行效率体现为高效、经济性、信息服务、可维护性、韧性，应始终关注基础设施的全生命周期管理，坚持前瞻性与实用性相结合，推进基础设施供给侧结构性改革。

（1）高效

高效是指基础设施的规模与使用者对基础设施服务的需求相适应，以合理规模、弹性、损失量控制体现。

合理规模即满足需求的同时又不浪费，应根据城乡近远期需求合理确定设施规模，可以采取环卫设施运转率、基础设施服务供需比等指标进行评价。长远来看，基础设施的超前建设能带动地区发展，但短期内产能过剩将造成资源能源的浪费。

弹性是基础设施系统对需求变化的适应性，应在基础设施系统规划设计时予以考虑，可以采取电网容载比、污水管网设计充满度等指标。针对人口数量、用地结构有变化预期的区域，应采取较高弹性指标。

损失量控制是基础设施高效运行的前提。损失量主要出现在基础设施服务传输过程中，包括给水管网的漏损率、能源传输过程中的损耗等。发展分布式能源，采用特高压、超高压输电，管网、线网选取高性能材料，建立实时监测系统等措施可以对损失量进行控制。

（2）经济性

经济性是指基础设施的投入取得了效益的最大化，从全生命周期成本和投资经济效益两方面体现。基础设施投资建设应充分考虑政府及社会资本的可持续支付能力，具备一定的经济性。

从基础设施的全生命周期角度去考虑基础设施的成本，不局限于投资建设阶段，设施的运行成本、维护成本都应纳入考虑范围，可以采用基础设施总投资额、维护成本比重等指标。了解基础设施的全生命周期成本有助于城市管理者们选择更适合本地区的基础设施服务模式，如是否需要做综合管廊、污水厂等设施是否下地等。而维护资金占总投资的比重可能会影响基础设施的相关决策，如农村地区尽可能选择低维护成本的设施。

投资经济效益即基础设施投资取得的效益与所占用或消耗成本的比值，可以采用投资效益系数、内部收益率、建设周期、投资回收期等指标来反映。投资经济效益较高的基础设施，鼓励采取政府和社会资本合作（Public-Private Partnership，简称 PPP）模式、建设—经营—转让（Build-Operate-Transfer，简称 BOT 模式）等模式，引入社会资本参与城乡基础设施建设。

（3）信息服务

信息服务主要通过信息提供来体现，良好的信息服务能实现使用者和管理者的交互反馈，从而达到基础设施的最优效率。

信息提供是指使用者能够方便获取基础设施的运营计划、故障情况、预计恢复周期和替代服务信息等内容，以是否提供实时公交信息、导航系统信息服务、居民水电使用量等指标反映。信息提供的主要载体是公用事业单位或第三方开发和运营的网站、社交网络账号、App和微信公众号等。

（4）可维护性

可维护性意味着理念的转变。我国在城镇化上半场，已经基本实现了基础设施的高水平建设与覆盖，精细化、品质化的城镇化下半场应更多考虑基础设施的运营与维护。而信息通信技术的发展为城乡基础设施建设、管理与运营模式变革奠定了良好的基础。可维护性体现为妥善维护和维护效率两方面。

妥善维护即具备适宜的基础设施管理、维护、更新机制，可以采用检查频率、维护频率等指标。妥善的维护机制可以保障基础设施服务效能，减少新增基础设施投入的同时减少维护给居民生活带来的影响。如通过协同基础设施规划建设运营主体，打破部门藩篱，出台相关政策减少马路开挖次数，减少居民广为诟病的"马路拉链"现象。

维护效率反映基础设施维护的方便性，可以采取平均维护时间、综合管廊长度等指标。综合管廊的建设可以提升维护效率。此外，通过推行建筑信息模型（Building Information Modeling，简称BIM）、城市信息模型（City Information Modeling，简称CIM）技术，建设智慧城市，对城市交通、水电等能源以及废弃物等进行监测，及时定位风险问题，精准制定解决方案，可以保障城乡基础设施的运行效率。

（5）韧性

基础设施的韧性在很大程度上意味着城市的安全水平。近年来极端天气对城市安全的考验使得基础设施的韧性愈发受到关注。韧性体现为抗灾能力、恢复能力、冗余度和可替代性四方面。

抗灾能力是指基础设施抵御自然灾害、袭击等突发事件造成破坏的能力，可以采取抗台风等级、抗震等级、防涝能力等指标。基础设施的规划布局和设计必须适应当地的风险因素，应首先在城乡规划层面对自然灾害进行评估，将地震、台风、雨洪等自然灾害作为城乡建设和基础设施规划配置的约束条件，确保自然灾害发生时供水、供电、交通等生命线工程不受致命影响。

恢复能力是指基础设施受损后的快速恢复能力，应确保基础设施在突发事件后能迅速恢复，可以采取平均恢复时间（Mean Time To Repair，简称MTTR）等指标。

冗余度是指基础设施提供的服务应有一定的冗余，使其在突发事件中不受影响，如供水厂设计冗余度等指标。

可替代性意味着突发事件后替代设施能在一定程度上继续提供服务，可采取是否有城市应急备用水源、轨道备用电网、危机应对方案等指标。可替代性可以有效应对不可抗力，提升城市安全水平。

2.2.3 生态效率

从建设生态文明的角度出发，生态效率意味着在尽可能减少环境影响的前提下，实现同等甚至更高的发展诉求。

生态效率具体体现在资源能源高效利用、减缓气候变化、污染防控、生态保护等方面。

（1）资源能源高效利用

城乡基础设施的建设和运行都会占用、消耗大量资源和能源，城乡基础设施对资源、能源的高效利用是城乡绿色发展的基础。主要从三个方面体现：能源利用、资源利用、净废物量。

能源利用的核心是在减少能源消耗总量的前提下有效地满足能源需求，包括提高能源利用效率和调整能源结构两方面，可以采取每单位供应能力电耗、可再生能源使用率等指标。提高能源利用效率的手段包括采取分布式能源、智能电网需求管理、可再生能源电力零售、热电联产等。在调整能源结构方面，应尽可能使用风能、太阳能等可再生能源，积极推动新能源汽车发展。此外，建议大力发展绿色建筑，通过被动式节能降低能源损耗。

资源利用的核心问题是资源利用效率，主要反映为城乡基础设施对土地、水等自然资源的占用与消耗水平，可以采取再生水利用率、基础设施占地面积等指标。土地集约节约化利用、水资源循环利用、垃圾资源化利用可以提高资源利用效率。

净废物量是指经充分减量化（重复利用和循环利用）处理后的垃圾净额量，是"无废城市"的重要指标，可以通过焚烧残渣量等数值体现。一方面可以从源头上推动垃圾的减量化发展，另一方面可以通过提倡垃圾精细分类、提高净水处理厂生成污泥和相关金属物质的回收率等手段实现。[1]

（2）减缓气候变化

气候变化的主要原因是温室气体的排放。温室气体是由于人类活动或者自然形成的造成气候变暖的气体，包括水汽、氟利昂、二氧化碳、氧化亚氮、甲烷、臭氧、氢氟碳化物、全氟碳化物等。[2]

---

[1] 2019年1月，国务院办公厅印发《"无废城市"建设试点工作方案》，提出以创新、协调、绿色、开放、共享的新发展理念为引领，通过推动形成绿色发展方式和生活方式，持续推进固体废物源头减量和资源化利用，最大限度减少填埋量，将固体废物环境影响降至最低。

[2] 水汽和臭氧属于温室气体，但一般不纳入减量措施规定。

减缓气候变化（主要是应对全球气候变暖）的主要手段是减少二氧化碳等温室气体的排放。一方面降低煤炭等化石燃料在能源供给构成中的比重，加大新能源、绿色能源的使用，另一方面通过严控基础设施运行来降低碳排放。

（3）污染防控

污染防控即减少基础设施对环境的影响。主要体现在减少污染物排放和减少感官滋扰水平两方面。

减少污染物排放的目的是控制污染物排放不超过环境容量，意味着必须牢固树立生态底线思维，尽可能减少人类活动对生态环境的影响。污染物包括废气中的颗粒物质、废水中的化学需氧量、飞灰和底灰中的重金属与二噁英等，可以通过减少化石燃料的燃烧，提高污水处理率，做好垃圾处理过程中的防渗漏工作，采取无害焚烧等手段进一步减少污染物排放。

减少感官滋扰指减少基础设施服务对人居环境品质的影响，如交通噪声、垃圾恶臭等，可以采取做好噪声防控、垃圾密闭化运输和处理等措施。

（4）生态保护

生态保护不仅是指基础设施的规划、建设、运营各环节是绿色的，同时还指其能促进生态环境的优化升级，从"灰色的基础设施"向"绿色的基础设施"转变。生态保护具体体现为少占绿地、地表径流和排水控制两方面。

少占绿地指基础设施的建设不应减少绿地，特别是农用地、生态防护用地的面积。在对农用地、生态用地刚性管控的同时，可以采取提升设施绿地率、在设施中合理配置绿地景观、在布置通信系统时减少绿地占用等手段。

地表径流和排水控制强调的是低影响（Low Impact Development，简称 LID）的开发理念，可以通过应用 LID 技术控制地表径流和排水影响，以及利用海绵城市的多项措施降低径流系数（表 2-1）。

致力于绿色发展的城乡基础设施效率评估基本框架 表 2-1

视角	基本要求	评价因素
使用者（使用效率）	供给水平	供应时间
		区域覆盖率
		人口普及率
	便利水平	设施便利程度
	使用成本	服务价格
	安全	安全性
		安保措施
	服务水平	服务能力
		服务质量
管理者（运行效率）	高效	合理规模
		弹性
		损失量控制
	经济性	全生命周期成本
		投资经济效益
	信息服务	信息提供
	可维护性	妥善维护
		维护效率
	韧性	抗灾能力
		恢复能力
		冗余度
		可替代性
生态环境（生态效率）	资源能源高效利用	能源利用
		资源利用
		净废物量
	减缓气候变化	温室气体排放量
	污染防控	污染物排放
		感官滋扰水平
	生态保护	少占绿地
		地表径流和排水影响控制

参考 ISO 37120：2014、ISO-TS 37151-2015 等 ISO 规范，《全国城市市政基础设施建设"十三五"规划》等部门文件、各类基础设施国家标准拟定。

2.3 评价标准和核心指标

2.3.1 一般指标

根据基础设施效率评估的基本框架，针对相关基础设施的具体特点，我们给出了交通、环卫、水（给水、排水）几类基础设施的效率评估示例，汇编形成基础设施效率评估的一般指标表，供读者参考（表 2-2、表 2-3）。一般指标包括基础指标和复合指标两类，基础指标指用电量、用水户数、管网长度等不可再分的指标，通常是一个由测量或记录得出的特定单位值；复合指标指人均用气量、再生水利用率、有效用水率等需要利用基础指标进行计算才能获取的指标，更能反映基础设施的服务水平。

一般指标的选取遵循以下原则：

01 指标易获取，可量化，有代表性

02 三个视角的效率必须兼顾，缺一不可

03 按循序渐进的原则，逐步扩充指标，尽可能满足效率评估基本框架的基本要求

一般指标表 I——交通、环卫基础设施的一般指标（示例）　　表 2-2

视角	基本要求	交通评价指标	环卫评价指标
使用效率	供给水平	中心区道路网密度（km/km²）	垃圾收集服务天数（天）
			垃圾收集服务范围（%）
			垃圾收集服务人口覆盖率（%）
	便利水平	公共交通站点 500m 半径覆盖率（%）	
	使用成本	居民公交出行费用占比（%）	生活垃圾处理费（元/升）
		居民通勤单程平均时间（分钟）	
		95% 公共交通通勤单程最大时间（分钟）	
	安全	万车死亡率（人/万 pcu[1]）	危险废弃物特殊收集处理率（%）
		重大交通事故增长率（%）	是否存在风险管理
运行效率	服务水平	高峰时段核心区干道平均车速（km/h）	臭味投诉事件（次/年）
		高峰时段公共交通平均拥挤度（%）	生活垃圾焚烧占无害化处理比例（%）
	高效	公共交通正点率（%）	垃圾焚烧余热利用率（%）
		智能交通设施覆盖率（次干道及以上道路）（%）	环卫设施运转率（%）
	经济性	交通建设维护资金占 GDP 的比重（%）	
	信息服务	建成区实时公交信息站点覆盖率（%）	生活垃圾处理监管体系建成率（%）
	可维护性	单位道路面积城建维护管理费（元/平方米）	
	韧性	道路应急交通响应时间（分钟）	生活垃圾处理冗余度
生态效率	资源能源高效利用	绿色交通出行比例（%）	生活垃圾回收利用率（%）
		新能源车辆占比（%）	人均日生活垃圾排量（千克/人·天）
	减缓气候变化	交通碳排放（吨/人·年）	焚烧单位垃圾碳减排量（kg/kg）
			生活垃圾填埋+填埋气发电碳减排量（kg/kg）
	污染防控	单位客运周转量有害气体排放量（克/人·千米）	生活垃圾无害化处理率（%）
		交通噪声（dB）	生活垃圾渗滤液处理达标率（%）
		道路沿线 PM$_{2.5}$ 指数（μg/m³）	
	生态保护	交通用地率（%）	

[1] pcu（Passenger Car Unit），即标准车当量数，也称当量交通量，是将实际的各种机动车和非机动车交通量按一定的折算系数换算成某种标准车型（通常为标准小汽车）的当量交通量，以便统计和研究。

一般指标表Ⅱ——给水、排水基础设施的一般指标（示例）　　表 2-3

视角	基本要求	给水评价指标	排水评价指标
使用效率	供给水平	供水普及人口率（%）	污水管网覆盖人口率（%）
		供水年均保证率（%）	污水处理服务人口率（%）
		建成区供水管道密度（km/km²）	建成区排水管道密度（km/km²）
	便利水平	用户水管报装时间（天）	出户管报装时间（天）
	使用成本	城市居民用水支出占可支配收入比（%）	城市居民水处理费占可支配收入比（%）
	安全	终端用户水质达标率（%）	旱季污水外溢淹水事件（次/年）
		爆管率［次/(1000千米/年)］	雨季污水外溢淹水事件（次/年）
	服务水平	饮用水余氯含量（mg/L）	社区排水管网漏\堵修复时间（天）
		终端用户水压（MPa）	臭味投诉事件（次/年）
		人均日生活供水能力（L）	人均日污水处理能力（L）
运行效率	高效	公共供水管网漏损率（%）	外水渗入污水管网率（%）
			污水处理设施利用率（处理量/处理能力）（%）
	经济性		
	信息服务	供水用户计量率（%）	污水厂水量水质检测率（%）
	可维护性	老化设施比例（%）	老化设施比例（%）
	韧性	供水冗余度	污水处理冗余度
生态效率	资源能源高效利用	配水单位电耗［kWh/(km³·MPa)］	处理单位污染物电耗（kWh/kg·COD）
		人均日生活用水量（L）	污水能耗（kWh/m³）
		自用水率（%）	污水处理能量回收利用率（自给%）
		非常规水资源替代率（%）	再生水利用率（%）
	减缓气候变化	供水单位碳排放（kg/m³）	处理单位污水碳排放（kg/m³）
	污染防控		污泥稳定处置率（%）
			污泥无害化处理处置率（%）
			污水处理厂污染物达标排放保证率（%）
			水环境质量达标率（%）
	生态保护		合流制溢流污染（CSO）及雨水面源污染控制率（%）

2.3.2 核心指标

对基础设施的效率进行全面、专业的评估，需要对一般指标的数量和精细度有较高的要求。但在实际工作中，有时需要更加简明实用的方法，避繁就简，以对基础设施的效率有一个快速、基本的把握。下面，我们推荐若干核心指标，以资参考。

（1）交通基础设施

什么才是好的交通系统？哪些指标最具代表性、可获得性和可比性？首先，安全是人类生存第一需求，交通服务要严格控制万车死亡率。其次，要关注交通系统的整体效率问题：对于中短距离的出行，应倡导主动出行理念，结合公交站点打造舒适怡人、低耗低污的步行和骑行环境，让市民在出行中达到健身、休闲效果，因此要控制交通噪声和$PM_{2.5}$等指标；对于中长距离的出行，要构建多模式、多层级的公共交通服务体系，以枢纽锚固空间，以公交集聚廊道，践行公共交通优先发展战略，其中绿色交通出行比例是重要考量对象。只有二者同时满足要求，人们的出行方式选择才会更趋于合理，道路车速和出行时间才能更有保障，城市交通治理才能更加科学有效。

万车死亡率：中国每年因交通事故死亡人数超过10万人，高居世界第一，相当于每5分钟就有一人丧生车轮，每1分钟都会有一人因为交通事故而伤残。引起交通事故的原因不只与驾驶员行为和车辆状况有关，也与道路设施的设计、建设和运营管理密不可分。[1]

交通噪声：城市环境噪声的50%~70%来自道路交通噪声，它严重影响着人们的日常生活，严重者可损害人的听力，甚至引起神经系统、消化系统的疾病，是影响面最广的一种环境污染。一般推荐值：新建交通干线，昼间小于70dB，夜间小于65dB。[2]

绿色交通出行比例：指步行、非机动车和公共交通三类方式占总出行

---

1 推荐值可参考《城市道路交通管理评价指标体系（2012年版）》。

2 参考《交通干线环境噪声排放标准（征求意见稿）》。

的比例，反映了交通基础设施的保障性服务水平，代表了绿色、集约发展的价值导向。指标越高，公交系统与交通需求的契合度越好，市民对交通基础设施的服务认可程度越高，交通资源分配越公平。推荐值：大于75%。[1]

高峰时段中心区干道平均车速：中心区是人口和岗位密度最高、出行强度最大的地区，最能代表城市的形象和核心功能。该范围内的干道车速水平受多重因素制约，最能体现交通系统的支撑能力，是城市整体交通运作水平的晴雨表。一般推荐值：特大以上城市，大于20km/h；大城市，大于25km/h；中小城市，大于30km/h；其中公交不低于小汽车速度的70%。[2]

居民通勤平均时间：在一天24小时中，剔除8小时工作学习和8小时睡眠时间，通勤与生活娱乐共用剩下8小时。通常餐饮、家庭教育等需耗费4小时左右，娱乐休闲2~2.5小时，则留给交通的时间必须控制在1.5~2小时以内（通常单程通勤时间不超过45分钟），超过该数值，市民的其他生活需求会被压抑，幸福感就会下降。一般推荐值：特大以上城市，小于45分钟；大城市，小于40分钟；中小城市，小于30分钟。[3]

（2）给水基础设施

公共供水普及率：反映城乡居民享受城市公共供水服务的比例，建议以98%为目标值。该值越高，越能实现供水服务的有效性。配合应急供水措施，以提高城市供水保障率。

终端水质合格率：是用户水龙头出水水质的指标，是用水基本安全的要求，涵盖了色度、臭味、余氯等优质水质的要求，建议以95%为目标值。此外还可以通过对水厂出水口、居民常用水点及管网末梢进行综合测量，来反映城市供水的综合品质。

终端用户水压：指用户出水龙头的压力，建议终端用户水压值在0.10~0.25MPa之间。终端用户水压是保障公共供水覆盖范围内用户正常用水的基本要求，水压不足将导致用户无水可用。

---

[1] 参考北京总体规划、雄安新区的规划目标。

[2] 参考北上广深等交通年报数据及《城市综合交通体系规划标准》，对于城市中心区主干路低限20km/h，公共交通出行时间宜控制在小客车出行时间的1.5倍以内。

[3] 推荐值可参考2018年中国城市通勤报告中十大主要城市平均通勤时间43~58分钟；《城市综合交通体系规划标准》对不同类型城市采用公交95%的通勤时间最大值进行了规定，特大以上城市不超60分钟，大城市不超45~50分钟，中小城市不超40分钟。

余氯含量：指水中余留的氯气及游离氯制剂的含量，建议出厂水余氯含量在 0.3～3mg/L 之间，管网末梢余氯含量应大于 0.05mg/L。[1] 自来水中的余氯可以消灭管网及水中的微生物，防止传染病的传播和流行。但余氯过高带来的危害也应当引起注意。

非常规水资源替代率：指再生水、海水、雨水、矿井水、苦咸水等非常规水资源利用总量与城市用水总量的比值，缺水地区城市建议达到 15%。[2] 非常规水可用于工业生产、生态用水、景观用水、市政杂用等方面，非常规水资源替代率越高，意味着对原水资源的采集越少，能充分体现可持续发展理念。鼓励结合黑臭水体整治和水生态修复，推进污水再生利用。

（3）排水基础设施

水环境质量达标率：指地表水环境质量达到相应水体要求、国控省控断面达到水质目标的比例，是水环境质量优劣的重要标准，应 100% 达标。该指标能够全面反映排水管网的建设水平和质量、污水处理厂的处理能力和处理工艺、排水与污水处理检测能力等排水基础设施的效率水平。建议城市的管理者们以零黑臭水体为目标。

城市生活污水处理率：指向污水处理厂排水的城区人口占城区用水总人口的比例，建议大于 90%。其中，向污水处理厂排水的城区人口，通过污水处理厂收集的生活污染物总量与人均日生活污染物排放量间接统计。该指标能够反映排水管网的完善程度、污水处理厂的处理能力、排水系统的管理水平等排水基础设施的效率。

合流制溢流污染控制率：指溢流污染控制工程——如溢流井——减少的溢流污染物质量占总溢流污染物质量的比例，建议取 80% 为下限值。暴雨天气时，一部分生活污水和工业废水未经处理排入水体，将带来较大污染。减少地表径流有助于提高合流制溢流污染控制率。

污泥无害化处理处置率：指城市污水处理厂剩余污泥无害化处理处

---

[1] 参考《生活饮用水卫生标准》GB 5749-2006。

[2] 参考住房和城乡建设部、国家发展改革委印发《国家节水型城市考核标准》（建城〔2018〕25号）。

置的比例，能够反映污水处理厂剩余污泥无害化处理处置的效率水平，建议100%。在选用污泥处置方案时，需从经济水平、资源利用和技术可靠性等方面考虑，在不产生二次污染、不造成新的环境危害的情况下，实现污泥的资源化利用。

（4）环卫基础设施

人均日生活垃圾排量：指城市里每人每天产生的生活垃圾量，建议不超过1.0kg/（人·日）。人均日生活垃圾排量决定了环卫基础设施的规模，既要建设充足的设施处理人均日生活垃圾排量，缓解垃圾危机，也要通过减量化、资源化的管理减少人均日生活垃圾排量。

生活垃圾有效分类处理率：指已分类投放的生活垃圾有效分类处理的比例，建议至少达到50%。已分类投放的生活垃圾，应继续通过提高分类收集、分类运输、分类处置比例，实现生活垃圾分类闭环。

生活垃圾无害化处理率：指生活垃圾无害化处理量与生活垃圾产生量的比例，建议达到100%。垃圾产生量难以测量的城市可以选取垃圾清运量作为备选，反映垃圾处理对环境的影响。可以进一步通过垃圾运输、处理环节的粉尘、酸性气体排放量以及渗滤液排放量、生活垃圾密闭化运输等指标反映对环境的影响。

垃圾收集服务人口覆盖率：指垃圾收集服务覆盖的人口比例，建议取95%为下限值。垃圾收集服务人口越高，垃圾收集、处理的比例就越高。配合定时、定点、分类的垃圾收集制度，可以实现垃圾的减量化、资源化和无害化处理。

（5）乡村基础设施核心指标

硬化路覆盖率：指通硬化路的村庄数量占村庄总数的比例，是城乡一体化的基本保障，发达地区建议向自然村延伸。有条件的地区考虑将硬化路延伸至大部分农户，同时按照"建好、管好、护好、运营好"的目标，不断优化农村公路质量。[1]

[1] 推荐值可参考交通运输部印发《关于推进"四好农村路"建设的意见》（2015）。

城乡公交通村率：指公交服务覆盖的行政村数量占行政村总数的比例。建议逐步将公交服务延伸至自然村。[1]

饮用水安全覆盖率：指达到农村饮用水安全卫生评价指标体系基本安全档次的户数占总户数的百分比，是生活安全的基本保障。[2]

生活污水处理率：指村域内经过设施处理的生活污水量占污水排放总量的比例。根据农村具体布局，因地制宜采取污水处理厂、氧化塘、沼气池等方式。[3]

年供电可靠率：指一年内实际供电时间与全部用电时间的百分比，是电力基础设施对农村生活生产服务能力的反映。2015年我国已全面解决无电人口用电问题，下一步农村电网优化改造的重点将是满足生产用电需求以及保障生活用电的稳定性。可以将平原村机井用电覆盖率、行政村动力电覆盖率、综合电压合格率和户均配变容量作为参考指标一并考虑。[4]

生活垃圾无害化处理率：指村域内经无害化处理的生活垃圾数量占生活垃圾产生总量的百分比。因地制宜选择合理的收集、转运和处置模式。鼓励制造沼气和堆肥等资源化利用方式。[5]

无线网络覆盖率：指村委会5km范围内有无线基站，或该村村委会、学校、卫生室及任一20户以上人口聚居区均有无线网络信号的行政村占行政村总数的比例，是全面提升生活和生产质量、实施乡村振兴战略的基础，建议行政村无线网络覆盖率达到100%。

2.3.3 小结

以上提供了城乡基础设施效率评估的基本框架，以及一般指标和核心指标的介绍。鉴于我国疆域辽阔，各个城市和乡村的发展阶段和

---

[1] 推荐值可参考交通运输部印发《关于推进"四好农村路"建设的意见》（2015）。

[2] 推荐值可参考国家市场监督管理总局、国家标准化管理委员会印发《美丽乡村建设评价国家标准》GB/T 37072-2018。

[3] 同上。

[4] 推荐值可参考国家发展改革委《关于"十三五"期间实施新一轮农村电网改造升级工程的意见》（2016）。

[5] 推荐值可参考国家市场监督管理总局、国家标准化管理委员会印发《美丽乡村建设评价国家标准》GB/T 37072-2018。

图 2-3 住房和城乡建设部门户网站统计板块截图

发展情况千差万别，城市管理者们可以依据通用的效率评估基本框架（即三大效率和 14 个基本要求），参考一般指标表选取相应的评价指标，以进行自身的纵向评估或与对标城市的横向比较。

住房和城乡建设部门户网站提供历年中国城市建设统计年鉴的下载，包括历年来全国及各省各城市的道路、燃气、供水、排水、污水、生活垃圾处理等一系列指标，可以与中国城市统计年鉴、地方统计年鉴相结合，作为基础设施效率评估的数据来源（图 2-3、图 2-4）。住房和城乡建设部城市（县城）和村镇建设统计调查制度（有效期至 2021 年 1 月）收集的年度数据汇总后可以以城市为单位进行公布，作为数据来源的补充。更精细化的数据则依赖于交通大脑等基础设施智慧管理平台的测算，超大城市、特大城市应加快信息通信技术的发展，建设智慧管理平台。

图 2-4 住房和城乡建设部门户网站二维码

以城市建设统计年鉴、城乡建设统计年鉴形式提供的与基础设施相关的各项统计数据

在此基础之上，我们建议整合现有各部门的信息平台数据，对各城市的核心指标进行重点考核，引导城乡基础设施效率提升。

2.4 基础设施的效率在于体系化

2.4.1 碎片化影响效率

目前城乡基础设施碎片化的问题较为突出，各系统、各过程、各区域之间不成体系，是制约城乡基础设施效率提升的短板。

（1）子系统及子系统之间缺少统筹安排

首先是各项基础设施子系统体系不合理。包括交通设施建设缺乏系统性，污水处理厂没有相配套的截污管网，垃圾处理设施与垃圾运输线路、给水厂和加压泵站与水网布局等场站与通道不相协调等问题。

其次是各项基础设施子系统受重视程度不同，整体发展极不平衡。道路、供水、供电等直接作用于城市经济增长、短期经济效益明显的基础设施受到较大关注和大力投入，而污水、环卫等经济效益不明显的基础设施建设往往滞后于城乡发展水平，设施服务能力与服务人口不相匹配，导致"黑臭水体""垃圾围城"等成为普遍现象。

最后是各项基础设施之间没有体系化。"空中线网乱如麻，地下管网老被挖"，由于条块分割、顶层设计缺位，基础设施的规划和建设缺少统筹安排，设施及廊道布局分散，加剧了邻避效应，也不利于土地的集约节约化利用。现有基础设施管线特别是管网的布局混乱，制约了新增基础设施的建设。而基础设施建设、维护对其他子系统基础设施带来影响的事件也频繁见诸报端。

（2）重设施、轻服务的现象较为普遍

现有的基础设施效率评价体系过于关注基础设施的建设情况，往往忽略了基础设施的实际服务能力，基础设施投资重设施、轻服务，重建设、轻管理的问题较为突出。

"城市病"的发生既有基础设施建设不足的原因，也有基础设施管理维护不佳的原因。如地下管网老化、缺乏维护引发的自来水、污水漏损，不利于资源的节约利用，还带来环境污染；农村基础设施缺少维护资金而在建成后长期处于低效状态等。将基础设施的规划、建设、管理全过程视为一个体系，多环节发力改善基础设施效能，对解决"城市病"具有重要意义。

此外，"轻服务"还表现为基础设施家底不清、信息不明。基础设施特别是地下基础设施的信息缺失，给施工带来难度，给城市造成安全隐患，也制约了更新维护的效率。基础设施的信息缺失还制约了城乡基础设施的智能化水平和服务效率，智能电网、智能水网、智能交通的智慧化水平普遍不高。

（3）区域、城乡、新老城区发展不平衡

各地区区域之间、城乡之间以及城市内部均存在较为普遍的不平衡发展现象，迫切需要以体系化的策略实现城乡基础设施的区域协同发展。

区域层面，经济发达地区基础设施发展水平较高，但缺少协同机制、功能重叠等导致基础设施效率没有最优化，不利于可持续发展。而"三区三州"[1]等贫困地区基础设施建设普遍薄弱，补短板任务突出。中小城市和小城镇的基础设施服务能力与大城市仍有一定差距，特别是旱情来临时供水能力、供水压力和水质不能得到保障的现象较为普遍。

市、县域层面，基础设施投资建设主要集中分布在市区、县城，小城镇、乡村地区的基础设施发展水平相对不高。特别是一些山地、丘陵地区，城乡联网成本高，又未能因地制宜建设分散式设施，基础设施特别是环卫、污水处理服务水平较低，成为制约实施乡村振兴战略的一个短板。

而在城市建成区特别是老城区，由于建成时间长、建设标准低、

---

1 三区三州的"三区"指西藏、新疆南疆四地区（和田地区、阿克苏地区、喀什地区、克孜勒苏柯尔克孜自治州）、四省藏区（青海、四川、云南、甘肃四省藏区），"三州"指甘肃的临夏州、四川的凉山州和云南的怒江州。

改造难度大等原因，基础设施发展水平明显低于城市新区。尤其是给排水、供热、燃气等设施的"最后一公里"，如改造和维护不到位，将严重影响居民生活品质的提升。

2.4.2 体系化提升效率的途径

城乡基础设施的体系化体现在全系统、全过程、全地域三个方面，这也是体系化提升效率的主要途径（图2-5）。

（1）全系统的体系化

全系统的体系化关注基础设施的整体效能和对城乡发展的整体承载力水平，包含子系统内部的体系化和全系统即各子系统的综合体系化两层含义。具体可以采取不同基础设施子系统间统一规划、统一建设、统一管理，与绿色基础设施统筹布局、集约化建设，建立基础设施效能及承载力的整体评估机制，基础设施场站与通道协同布局等手段。

图2-5 城乡基础设施体系化提升效率的途径

（2）全过程的体系化

全过程的体系化则体现在"从设施到服务"，以全生命周期的视角关注基础设施规划、建设、管理运营的全过程，从以人为本的角度关注使用者的获得感和满意度。既要以经营城市的理念，平衡资金投入与设施效率，以适度超前的设施建设带动城乡发展；也要充分关注基础设施的管理和服务水平，确保城乡居民始终能够享受到稳定且高质量的基础设施服务。

（3）全地域的体系化

全地域的体系化即以更宽广的视野来推动区域基础设施的协同发展，包括城市与城市之间、城乡之间基础设施的体系化。城市的管理者们应基于区域协同和城乡一体化的理念，不拘泥于一城一池，来对城乡基础设施特别是大型区域基础设施进行规划、建设、管理，实现基础设施效率的最大化。具体而言，可以通过编制跨区域的基础设施总体规划、城乡一体的基础设施规划（市域），建立联席会议制度落实基础设施建设等方式实现（图2-6）。

图2-6 安徽省现代基础设施体系建设总体规划

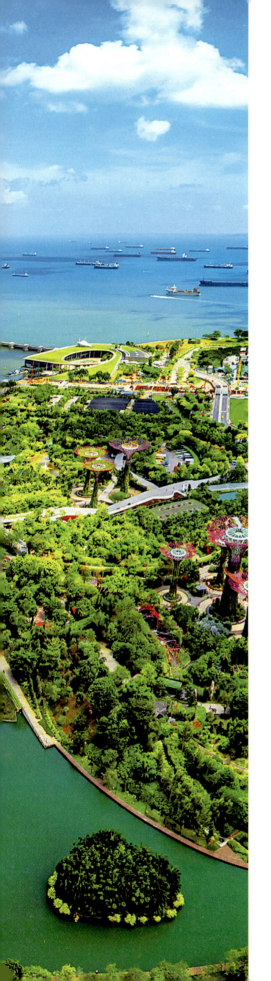

03

城乡基础设施体系化策略

- 要实现城乡基础设施的体系化发展，就要在新发展理念的指导下，转变城乡基础设施发展方式，完善城乡治理体系。本章探讨体系化发展策略，主要包括规划统筹、优先发展、因地制宜、合理承载、政策调控、共建共享。

3.1 规划统筹

规划统筹是城乡基础设施体系化的基本方法，旨在基础设施规划之初就实现使用效率、运行效率、生态效率的统一。城乡基础设施的规划统筹以三方面为抓手：一是在发展战略规划编制时落实生态优先绿色发展的理念，构建城乡基础设施绿色发展的效率评估框架，如用水红线、清洁能源占比等；二是以基础设施专项规划为抓手，包括基础设施大专项规划和基础设施子系统的各专项规划，科学预测区域需求，合理布局城乡基础设施及管网，有序引导基础设施项目实施，保障城乡居民品质生活；三是以项目为抓手制定基础设施近期建设规划，充分利用多规合一平台和协调机制建立项目库，落实责任主体和资金安排，同时建立规划实施定期评估机制，并根据评估结果有计划地对规划进行调整。

3.1.1 发展战略规划统筹

发展战略规划是根据城市中长期发展愿景和发展目标作出的战略性部署。广义的发展战略规划既包括空间规划等法定规划，也包括战略规划、发展蓝图等非法定规划。

突出实施路径和可操作性是新时期发展战略规划编制的一个显著特点。纽约、首尔、东京、上海等国内外城市的新一轮发展战略规划均将实施策略（行动计划）和量化指标作为落实愿景的重要手段（图3-1~图3-3）。

量化指标是发展战略规划统筹的核心内容。城市的管理者们在提出发展愿景的同时，制定包含基础设施效率指标的城市发展指标体系，在规划实施过程中对指标进行跟踪、评估，并及时修正规划。

雄安新区规划纲要系统性探索了生态优先绿色发展之路，按照绿色发展的理念对各项城乡基础设施作出战略布局。以水资源利用管理为例，雄安新区规划纲要通过设定用水红线和生产生活用水上限，在新区推行节水型社会建设，支撑蓝绿交织、清新明亮、水城共融的生态城市建设。

图 3-1 《一个纽约——规划一个强大而公正的城市》

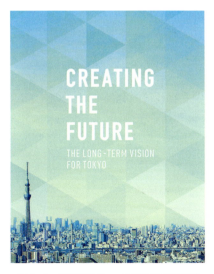

图 3-2 《创造未来——东京都长期展望》

图 3-3 《上海市城市总体规划 2016—2040——迈向卓越的全球城市》

新加坡——"以少做多"实现可持续发展

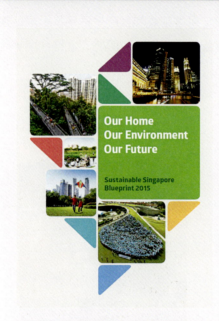

在新加坡，2009年颁布的第一版可持续新加坡发展蓝图提出，2030年能源效率将从2005年的35%提高到70%；每人每天的生活用水量将由2003年的165L逐步减少到140L；同时持续关注饮用水漏损率、再生水和工业用水销售量等一系列指标。在2015年，新加坡发布了可持续发展蓝图的更新版（图3-4），提出包括2030年高峰时期公交分担率增加到75%，2060年再生水满足55%的用水需求，海水淡化满足25%的用水需求，90%以上的电力来自天然气，80%的建筑物在2030年达到绿色建筑的标准，建设成为零废物国家等目标（图3-5）。

图3-4 《我们的家园、我们的环境、我们的未来——新加坡可持续发展蓝图2015》

图3-5 新加坡2030年指标
资料来源：*Sustainable Singapore Blueprint 2015*

3.1.2 专项规划统筹

通过编制基础设施专项规划，对基础设施与网络，包括交通设施与路网、水厂与水网、电厂与电网等进行统筹布局并提出发展策略，是科学合理预测基础设施需求、保障基础设施落地实施的重要手段（图3-6）。广义的专项规划包括发展战略规划的基础设施专篇，也包括单独编制的基础设施专项。

图3-6 合肥市市政基础设施专项规划的类型、内容与规划、建设、管理主体一览
资料来源：《合肥市市政基础设施综合规划（2014—2020年）》

基础设施规划通常由各行业主管部门分头编制、实施，致使基础设施厂站及管网的建设缺乏统筹引领和统一管理平台，常常出现规划打架、落地难、用地被占用等问题，制约了基础设施的整体效能，因此需要将专项规划进行整合。

针对基础设施各子系统不相协同的现状，比较普遍的做法是编制基础设施的大专项规划。如青岛市通过整合现有基础设施专项规划，实现了基础设施规划的"多规合一"，绘制出基础设施厂站布局和规划控制的"一张蓝图"。在为基础设施建设预留空间、为项目审批提供支撑的同时，实现了城市建设与基础设施系统的协调发展，实现了生态效率、使用效率和运行效率的有机统一。

3.1.3 近期建设规划与规划实施评估统筹

基础设施近期建设规划是城乡基础设施建设项目的实施安排和行动计划。近期建设规划聚焦城乡发展的核心问题和影响生活生产质量的关键短板,通过协调各部门利益、高效落实资金安排与建设管理主体,指导基础设施建设项目特别是国家级、区域级项目有序实施。

基础设施的规划实施评估是城乡建设部门对基础设施规划、建设、管理的实施程度、机制建设、影响因素和存在问题进行客观评价的抓手。通过评价发现各环节所存在的问题和不足,及时改进,保障实施,保证资源投入有效地转化为预期结果。新一代信息技术的快速发展给规划实施评估提供了更多技术支撑。

(1)以近期建设规划和建设项目库推动项目特别是重点项目落地

建设项目库是近期建设规划的核心内容。建设项目库应服务于城乡近期发展目标,优先保障国家级、区域级重大项目落地。除了项目名称、区位、规模,还应明晰项目重要性、主管单位和资金安排,有条件的城市还应将项目的预期效益纳入建设项目库。

上海市住房和城乡建设管理委员会针对"十三五"期间建设管理任务,提出一系列配套的建设项目和资金安排,使得项目库有序实施,服务城乡整体发展。澳大利亚的基础设施优先列表则更加关注项目的实施效益,对每一项拟实施的项目进行效益评估,以确定项目的优先级,让投资更有效率。同时,澳大利亚建立优先列表的交互式地图,加强公众参与。

(2)加强跨区域协同和部门协作

城市政府和相关部门应积极主动与国务院有关部门、省政府、周边地市协同对接，落实国家、省等区域型重大基础设施项目的规划建设要求。将重大项目纳入近期建设规划和建设项目库，采取长三角、珠三角已较为成熟的联席会议、专项小组等机制保障项目实施。

此外，通过加强部门沟通协作，将基础设施建设项目纳入全市整体项目库，建立部门联动的决策与监督机制，可以有效落实资金安排，推动项目实施。合肥市搭建的近三年市政基础设施建设项目库，便是合肥市大建设计划的重要组成部分。

（3）各级城乡建设部门对基础设施规划实施绩效进行评估

规划统筹策略的另一个关键是规划实施绩效评估，也是各级城乡建设部门的主要工作抓手。各级城乡建设部门应尤其关注近期建设规划以及基础设施建设项目库的实施情况，并对规划实施绩效进行考核。

基础设施的规划实施评估可以跟总体层面的实施评估机制相结合，建立实时监测、定期评估（一年一体检、五年一评估）、动态维护的体检评估机制。年度体检是对基础设施各项指标和任务完成情况的年度检查，主要包括常规指标体检（效率体系指标对照、分区实施情况、第三方评估报告）、重大项目建设评价、体检结论建议（在评估的结果上提出下一年工作计划与建议）。五年期评估是对近期建设规划实施情况的全面评估，包括实施成效与阶段特征、关键问题分析、实施评估结论、城市发展新任务和基础设施发展新趋势、实施对策和建议。五年期评估的结论是下一周期建设规划的基础。此外，还可以通过智慧管理平台对基础设施各项效率指标进行实时监测。

3.2 优先发展

优先发展是城乡基础设施体系化的基本保障，可满足基础设施稳定供给和高效运行等基本要求。具体可以通过两个方面加以落实：一是在规划层面优先管控，及早预留各项基础设施及管线管网的用地，为实施建设提供法定依据；二是在城乡建设过程中优先发展基础设施，通过基础设施的优先收储、先行建设带动城乡发展，减少群体性事件的发生。

3.2.1 规划先行，优先管控用地

规划先行是引领基础设施布局与城乡空间相适应的重要举措。在确定城乡基础设施及其管网的布局后，通过一系列的管控措施确保预留用地、地下空间不被占用挪用，是城乡基础设施体系化的一项重要策略。只有在相应规划中将基础设施的相关内容衔接、落实到位，并有相应法规和制度上的保障，才能保证基础设施顺利实施。[1]

3.2.2 优先收储，先行建设，确保基础设施落地

基础设施的优先收储、先行建设对保障基础设施落地具有重要意义。土地优先收储、设施先行建设有助于邻避型设施及早落地，可对减少群体性事件、促进社会和谐发挥重要作用。

相反，基础设施的滞后建设，既给生产生活带来不便，又给政府部门的管理协调带来很大的挑战和压力。特别是一些道路、变电站、垃圾压缩站等设施，由于没有先行建设，在片区发展相对成熟以后，即使设施有规划、用地有收储，但由于片区一些居民的强烈反对，协调难、落地难的个案屡见不鲜，使迫切的基础设施建设陷入进退两难的被动局面。

---

1 明确基础设施用地界线作为城市建设当中不可逾越的限制条件，是保障基础设施得以最终落地的重要管控手段。具体包括：划定交通、供水、排水、环卫、供电、供气、供热、通信等各项基础设施用地的控制界线，明确控制指标和要求；严控地表水体保护和控制线，保障城市供水和防洪防涝，改善城市人居生态环境等。

3.3 因地制宜

不同的地理环境特征、不同的聚落空间形态、不同的经济发展水平，决定了城乡基础设施的服务供给模式不可能简单复制，而应根据自身实际情况合理选择。

发达地区应科学构建综合管廊体系，引导市政设施隐形化、地下化、一体化、景观化建设，促进市政设施集约高效利用；欠发达地区应量力而行，在保障城乡安全的前提下优先补短板，逐步优化基础设施；一些县域经济较强、乡村发展水平较高（如长三角、珠三角）地区，可以考虑城乡基础设施、管网的一体化；而一些经济发展水平较低，特别是山区的小城镇、乡村，需要更多考虑分布式设施，该集中集中，该分散分散。

3.3.1 集中式、分散式与半集中式的服务供给模式

20 世纪以来新建的基础设施，如电厂、污水厂、垃圾填埋场等，为了追求规模效益往往采取集中式建设。集中式的优点显而易见，如规模效益带来的总投资减少、运行成本降低、占地面积减少、所需管理人员减少、运行维护管理更方便等。但大型集中式设施对用地的需求会将基础设施的选址限制在远郊，进而加大路网、电网等建设成本和财务风险；传输过程中不可避免的损耗和管线维护成本也不容忽视；而负荷率低于预期还会带来高昂的维护成本，如低流速造成的污水管网腐蚀和泄漏。

为此，基础设施的选址和规模需要综合考虑使用者的需求和服务范围。如果仅依据规模经济建设大型集中式设施，将会导致更大的规模不经济风险。在美国，建设大型集中式设施的趋势已经改变，通过将发电能力与客户需求更好地匹配，光伏板、风力发电、燃料电池等分散式发电设施凭借相对更短的安装时间、对需求的弹性和抗灾韧性

逐渐成为主要模式。

2008年之前，厦门市污水处理整体规划以大集中为主。2008年到2017年之间，针对运行中出现的问题，厦门市提出集中为主、分散为辅的规划原则，新建了35座分布式处理站。2018年后，厦门市进一步倡导大分散与小区域集中的创新型污水治理模式，重新布置近50座分散式污水处理站。新模式充分体现出节地、节能、节水等优点，并零距离地和周边社区、景观融为一体，有效解决了"邻避效应"的问题。

技术的进步——光伏发电板、膜生物反应器使得基础设施的分散布局甚至是用户级基础设施成为可能，但片区级的半集中式设施——相比集中式设施更少的用地、更短的建设周期，显然更适合快速发展、服务供给不足的地区。与邻里单元相匹配的半集中供应和处理中心，可以将洗涤水、排泄水、废物、污泥转换为供灌溉、清洁的再生水、沼气、肥料，实现污水和垃圾的减量化和资源化（图3-7）。

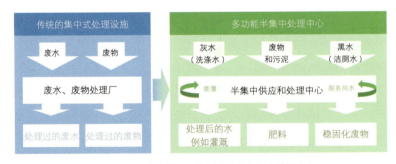

图3-7 从集中式处理设施到多功能半集中处理中心
资料来源：根据联合国人居署编制的《致力于绿色经济的城市模式：城市基础设施优化》例图改绘

3.3.2 乡村基础设施服务供给模式的选择

城乡一体化发展程度较高的地区，应积极实践基础设施从城市和中心镇向乡村地区延伸的模式。如江苏省从2000年起积极推进城乡统筹区域供水工程，基本实现"同源、同网、同质、同服务"的城乡一体化供水模式，有效解决了乡村地区水源差、规模小、管理弱、水压低、水质难达标、限时供水等群众投诉较多的问题。

山地、丘陵等城乡发展不平衡的村庄，应根据实际情况选择自成系统的基础设施服务供给模式。如建设"自发自用、多余电量上网"的分布式光伏发电系统，采取人工湿地处理技术、稳定塘处理技术、生态绿地处理技术、小型一体化污水处理装置、生态浮岛处理技术等污水处理模式。

此外，乡村地区还可以采取一体化与自处理相结合的基础设施服务供给模式。如通过垃圾分类，将可回收垃圾纳入资源回收再利用处理系统；其他垃圾纳入垃圾收运处理系统，就近进行无害化处理；其他有毒有害垃圾按相关规定统一收集、运输、处理（图3-8）。

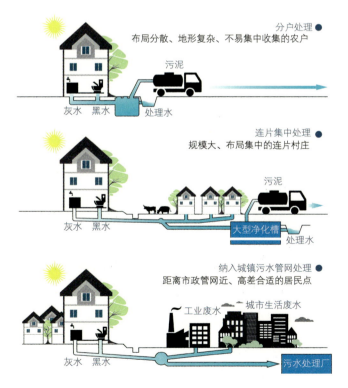

图3-8　乡村污水处理服务供给模式的选择[1]

---

[1] 日本从20世纪50年代研制出净化槽后，开始在人口密度低的城郊、农村、山区逐步推广分散型生活污水治理模式。1969年，日本建设省首次颁布《净化槽构造标准》；1983年，制定《净化槽法》，对分散型污水治理进行全面规定；1987年，建立净化槽安装补助金制度。相关法规标准后续不断修订完善，促进了净化槽技术及产品的广泛应用并发挥积极的作用。

3.4 合理承载

合理承载是基础设施体系化的基本要求，是城乡绿色、可持续、健康发展的关键。承载力分为战略和具体项目两个层面。战略层面上的承载力是基本的承载力，决定了城市发展的理论上限，即城市能建多大；项目层面的承载力则对具体项目能否实施作出回应。因此，从战略层面和项目建设层面进行承载力评估是城乡绿色发展的重要策略。

3.4.1 战略层面建立承载力评估机制

城市的承载力是指在特定区域环境、经济技术与资源的条件下，为维持城市系统稳定健康发展，城市系统所能承受的人口规模上限，具体表现为公共服务承载能力、交通承载能力及资源环境承载能力。

城市资源环境承载力以及基础设施承载力是城市综合承载力的重要组成部分，是城市科学发展、绿色发展、可持续发展不可突破的底线，是城乡建设发展中需充分考量的关键要素。

2016年，国家发展改革委下发《关于印发〈资源环境承载能力监测预警技术方法（试行）〉的通知》，要求各地方开展以县级行政区为单元的资源环境承载力试评价工作。为保障城市健康发展，应在总体战略层面建立承载力评估制度。

（1）根据资源与设施综合水平提出城市合理规模及市政设施布局

城市资源环境承载力是城市绿色发展、生态发展、可持续发展的底线，是人与自然关系的最根本表征。资源环境承载力与基础设施承载力相辅相成，共同作用于城市发展。近十年来北京市人口快速增长，提前突破规划人口规模，承载力不足的问题开始显现。2016年，北京市从资源和设施两个层面分别建立评价体系，提出城市合理开发的规模及市政设施优化布局的建议。

通过水资源和能源承载力分析，得出2020年全北京适宜承载人口规模为2264万，2030年适宜承载人口规模为2379万；通过市政承载力模拟分析得出不同地区市政供需状况。两项评估的结论作为新一版城市总体规划确定人口规模的重要依据，也是"以水定城、以水定地、以水定人、以水定产"底线思维的体现（图3-9、图3-10）。

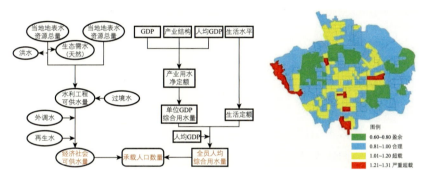

图3-9　水资源承载力分析模型　　　　图3-10　中心城区承载力分析

资料来源：北京市城市规划设计研究院：《礼士营城：北京市城市规划设计研究院三十周年院庆作品集》，中国建筑工业出版社，2016年

（2）根据基础设施承载力水平划定城市密度分区

基础设施承载力是指特定时空范围内，各项基础设施对城市生活生产方面需求在数量和质量上的满足程度。根据满足程度，基础设施承载力可分为三种状态：超载状态、平衡状态与低载状态。科学的基础设施承载力评估是实现区域、社会、资源环境可持续发展的重要手段。

为深化落实改革、提高管理效率，2014年深圳市开展基于城市综合承载力评估修编密度分区规划的工作。通过建立规划建设容量管控与城市承载力评估模型，对交通、市政承载力进行评估，在模拟测算出2030年规划总量的基础上，将交通、市政等专业评估结论与密度分区规划进行衔接，形成最终密度分区规划方案。

新的密度分区规划方案、容积率测算公式及修正系数体系等相关内容已形成主管部门的规划管理政策并替换《深圳市城市规划标准与准则》相关内容，为规划编制管理中的容积率管控提供更加合理有效的支撑。

3.4.2 实施层面建立项目评估和审查机制

（1）建立实施层面的基础设施承载力评估机制

规划项目评估是对项目的功能、结构、可操作性、可持续性以及其对一定时空范围内的影响和作用的价值研判。基础设施承载力评估是项目可行性的重要体现。

随着城市发展逐步转向存量空间，以现有基础设施的承载力水平为前置条件进行项目开发变得尤为重要。交通影响评估是建设项目承载力评估比较常见的手段。但涉及供水、供电、排水、排污等基础设施的承载力评估尚需进一步加强。

（2）构建"部门+专家"的规委会制度对建设项目进行把关

规委会作为一种规划议事机构，一方面向政府负责，另一方面作为规划上层与公众的中间平台，对城乡和谐发展具有重要作用和意义。从其实质作用而言，主要包括两个方面：一方面召集不同行业背景的主体，利于形成更科学、更综合的专业把关，减少项目决策失误；另一方面决策重心下移，参与决策的主体除政府部门外还包括专家、公众等，有益于保证多元主体的利益。

从规委会的委员构成来看，为保障政府决策的公信力和规委会的专业性、权威性及公共性，专家和公众人数应超过委员会总人数二分之一，形成"政府、专家、公众"统一的公共政策制定过程。从涉及的行政部门来看，通常包括发展改革、建设、规划、交通、环保、水务、林业等部门及供电局等公用事业单位。对于规划优化调整和重大建设项目，采取一事一议的审议和表决制度。通过这种制度，规委会专家和基础设施相关部门负责人可及时核实情况，提出否决意见或补救措施。

3.5 政策调控

要实现在发展的同时节约资源和保护生态环境，既要依靠"有为的政府"进行管控，也要通过"有效的市场"引领生产生活方式改变以支撑城乡绿色发展。[1]

政策调控的主要手段包括计量、价格机制和法规标准。计量指通过告知使用者消耗量以培育节约意识，价格机制指运用市场化手段引导资源优化配置、实现生态环境成本内部化，法规标准则是采取刚柔并济的管理手段实现资源有效利用。

3.5.1 精准计量

精准的仪表计量能够保证费用准确反映消耗量，如智能电表相比之前使用的机械表、电子表灵敏度高，计量精确。精确计量还可以鼓励使用者养成节约意识，进一步减少资源能源损耗。

定期、准确和清晰的账单是一个吸引居民注意使用习惯的有效方法，与邻居的消费量进行比较亦可以利用社会规范的影响来减少资源能源消耗。例如，美国一家能源公司向每个家庭提供个性化的账单服务，与相近区域内最节能的20%用户耗能数据进行横向比较，在16个月内取得了家庭能耗下降2.5%的成效。

3.5.2 梯级定价

目前我国基础设施服务价格总体偏低，价格与成本普遍倒挂，难以调动使用者节约资源的积极性。要实现生态优先，绿色发展，就要在满足使用者基本需求的前提下建立价格激励约束机制。

[1] 习近平在十八届中央政治局第二十八次集体学习时的讲话中指出：我们要坚持辩证法、两点论，继续在社会主义基本制度与市场经济的结合上下功夫，把两方面优势都发挥好，既要"有效的市场"，也要"有为的政府"，努力在实践中破解这道经济学上的世界性难题。

首先是全面推行用电、用水、用气阶梯价格制度。在为低收入家庭提供免费限额的同时，可以通过阶梯价格鼓励居民减少消耗。根据实际需要，地方政府还可以采取扩大差别价格等手段来强化阶梯价格效果。

其次是将环境成本纳入基础设施服务费用。通过逐步建立污水处理、生活垃圾处理收费制度，将环境成本反映在使用者所支付的费用中，使保护生态环境成为使用者的内生动力。

此外还可以针对基础设施提供服务的类型采取差异化收费，如对分类垃圾和混合垃圾差异化收费以鼓励垃圾分类行为；借助智能电网快速发展以及智能化测量系统的广泛应用，结合价格信号引导电力服务削峰填谷；建立有利于再生水利用的价格政策，推动园林、道路清洁、消防等领域使用再生水等。

3.5.3 法规标准

新的发展理念催生出新的经验和新的做法，但新的经验和新的做法却常常缺少法规与标准支撑，甚至与现行法规条款相矛盾。通过法规标准的立、改、废予以保障，先进的经验和做法方能不断涌现，并得到复制与推广。

通过制定终端设施效率标准和使用者行为标准，以确保最终所消耗的资源能源及带来的环境污染在建议范围内，是一种比较刚性的调控手段。

终端设施效率标准包括对卫生洁具的节水提出技术要求，实施汽车排放标准[1]等，使用者行为标准包括提出园林灌溉用水标准[2]等。强制性规定的实质是以供定需，但应满足服务对象的基本需求，如洁具节水标准应满足清洁需求，灌溉用水标准应满足植物蓄水量需求。

---

1 如《轻型汽车污染物排放限值及测量方法（中国第六阶段）》GB 18352.6—2016。

2 如北京市对市政园林草坪灌溉制定了《草坪节水灌溉技术规定》DB 11/T349—2006。

3.6 共建共享

共建共享是城乡基础设施体系化的基本制度。共建共享的实质是建立从设施到服务的全生命周期视角,通过基础设施相关事务的共治,构建多元主体共同参与的平台,完善多元主体平等协商的机制,从而激发社会活力(图3-11)。[1]

[1] 党的十九大报告明确提出"不断推进国家治理体系和治理能力现代化""打造共建共治共享的社会治理格局。加强社会治理制度建设,完善党委领导、政府负责、社会协同、公众参与、法治保障的社会治理体制,提高社会治理社会化、法治化、智能化、专业化水平"。

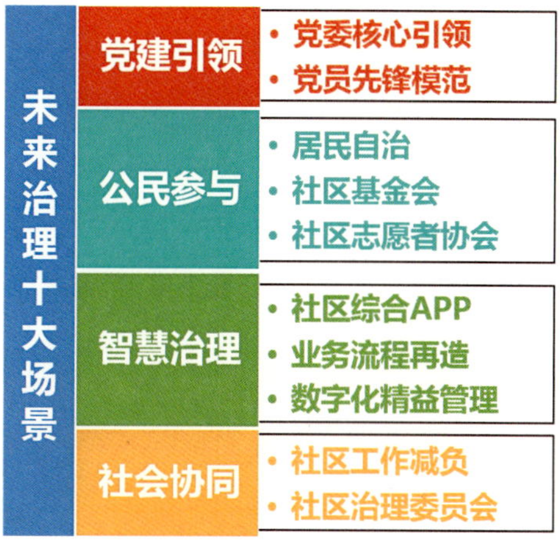

图3-11 浙江未来社区治理十大场景
资料来源:根据《浙江省未来社区建设试点工作方案》绘制

3.6.1 强有力的组织领导

党委领导、政府负责为基础设施相关事务提供了强有力的组织领导,有利于基础设施事务的高效、高质、长效推进。

在城市黑臭水体治理过程中,通过建立"精密巡察""精准感知""精确执行""精细问责"等有效的"河长制",实现了多头管水的"部门负责"向"首长负责、部门共治"迈进,城市黑臭水体治理取得显著成效。

在厦门创新垃圾治理模式的过程中,通过成立市级生活垃圾分类工作领导小组,市长担任组长亲自抓,市委副书记担任常务副组长具体抓,把生活垃圾分类作为各区"一把手"工程,认真落实属地责任,职能部门落实行业管理责任,取得了良好成效。

3.6.2　人人参与,弘扬共同缔造精神

对于基础设施相关事务,由于政府部门人力有限,工作难免有死角、有遗漏。要把相关工作做好做细,就离不开群众的积极参与。

完善群众参与决策机制增强了规划的认同度,有助于了解使用者需求,也能弱化邻避效应。新加坡发展计划蓝图(2015)的制定经历了13万公民的参与,通过城市规划、交通行业专家的咨询、公众对话和调查,保障了公众的知情度和参与度,进一步提升了蓝图的可实施性。北京市门头沟村庄规划在编制过程中,通过现场访谈、会议决议、微信公众号、微博公众号、电子邮箱、村委会等多样化的村民参与途径,保障了规划的执行力。

人人参与可以形成社会合力,提高基础设施效率。上海市在全力推进生活垃圾分类工作过程中,将"垃圾分类+"作为社区建设的

1　资料参考:全国城市生活垃圾分类工作现场会上海市人民政府介绍材料。

上海——垃圾分类新时尚

2019年7月1日,上海市正式实施《上海市生活垃圾管理条例》,该条例明确了生活垃圾的源头减量、投放、收集、运输、处置、资源化利用及其监督管理等具体办法。此外,还制定了18个制度配套文件。

在《条例》正式实施前,上海市即已通过全方位、多层面、密集型的宣传网络,让垃圾分类理念和知识深入人心,包括开展教育培训,制定宣传指导手册,推出专题访谈,组建科普宣讲讲师团,通过小手牵大手,推动形成"教育一个孩子、影响一个家庭、带动一个社区"的良性互动局面。[1]为严格监督《条例》实施,上海市还充分发挥社会组织、志愿者作用,共抓齐管,推动垃圾分类的具体落实。实施后,全市上下齐心协力,人人动手,上海的生活垃圾分类取得明显效果。更多内容详见5.2。

重要抓手，形成党建引领、居民自治、居委协调、物业参与"四位一体"的工作格局。

共同参与还有利于实现从设施到服务的转变。浙江乌镇在社区网格化管理的基础上积极进行探索，通过"乌镇管家"丰富了包含基础设施相关事务在内的监督管理模式，有助于及时发现基础设施存在的问题，及时更新维护，确保基础设施始终提供高品质的服务。

04

城乡基础设施的优化措施

● 围绕绿色、智能、协同、安全四个主题,本章提出基础设施体系化的相应措施,以此提升基础设施的效率,推动高质量发展。

4.1 绿色化

基础设施的绿色化主要在于提高生态效率。其中，绿色电网提高能源和资源的利用效率；绿色建筑重在节能减排；绿色出行方式倡导节地型的交通方式并致力于降低环境污染；生态节地的垃圾、污水处理技术，让设施从邻避走向邻利。设施的绿色化带来的转变是，"灰色空间"变为"绿色空间"，城市的整体生态效率得到提升。

4.1.1 绿色电网

（1）提升传统电网能效

目前全球已进入一个新的清洁能源发展阶段，中国正处于实现绿色能源转型期。小型火电机组在生产、传输、消耗的全过程中会造成巨大损耗，以下图小型火电机组的能源效率为例（图4-1），在极端的情况之下，最终只能输出约十分之一的能源。[1] 为此，国家发展改革委发布关于火电机组"上大压小"的通知，要求进一步推动小火电机组的关停工作。

> 1 联合国人居署：《致力于绿色经济的城市模式：城市基础设施优化》，刘冰、周玉斌译，同济大学出版社，2013年。

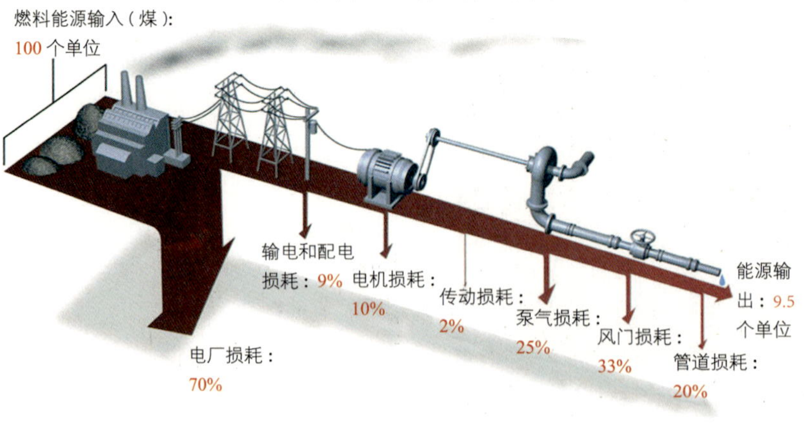

图4-1 小型发电厂能源传输过程中的损耗示意图
资料来源：根据联合国人居署编著的《致力于绿色经济的城市模式：城市基础设施优化》例图改绘

电网是一种比较特殊的基础设施,既是电能的传输载体,同时又是能耗大户。可采取技术和管理手段,有效降低传输损耗。可以配网建设改造为主要着力点,打造高效率、低损耗的电网,并开展精细化管理,不断提高电网运行的智能化水平,降低损耗水平。例如,可发挥特高压电网能够远距离进行大容量电力传输的优势,降低电能的折损率。将清洁能源从能源富集地区送往负荷中心,减少负荷当地的燃煤电厂建设,满足清洁生产的迫切要求。

江苏——绿色电网清洁发展

江苏是用能大省,也是资源小省。近年来,江苏电网围绕着绿色发展的主题,进行能源变革,改变原火电为主的能源结构,坚持发展特高压工程补能源短板,助力江苏的绿色发展。

2013年锦苏工程(锦屏—苏南工程)投运以后,为江苏稳定地输送480万千瓦的四川水电,成为输送区外来电的主力军,占外来电容量比例超过三分之一。具体内容详见5.3。

(2)推进多能互补集成优化工程建设

能源是经济社会的"血液"、现代化的基础和动力。21世纪以来,能源发展呈现新的趋势,规模持续增加,结构不断调整,格局深刻变化。大量开发利用化石能源已经给人类社会可持续发展带来了严重威胁。能源变革势在必行,推动能源清洁化、智能化,已成为世界各国能源变革转型的战略方向。[1] 加大电网节能减排力度,关键在于大力发展清洁能源,推动构建清洁低碳的现代化能源体系,加强风光水火储多能互补系统建设(图4-2),并以智能化的手段加以管理。[2]

大力发展清洁能源,推动构建清洁低碳的现代化能源体系。一是继续实施西电东送战略,充分发挥电网绿色资源配置平台作用,提升对清洁能

图4-2 风光水火储多能互补系统建设

[1] 舒印彪:《加快电网互联互通推动能源转型发展》,《中国经贸导刊》2016年第34期。

[2] 参考国家发展改革委、国家能源局《关于推进多能互补集成优化示范工程建设的实施意见》(发改能源〔2016〕1430号)。

[1] 参考国家发展改革委、国家能源局《关于清洁能源消耗行动计划》（2018—2020年）。

源的消纳能力，提升非化石能源在一次能源消费中的占比。[1] 二是推动本地电源清洁化，对到期退役煤电机组进行关停，新建环保的燃气机组，保障供电安全。

建设多能互补的微电网，可以提升清洁能源比重和能源利用效率（如削峰填谷的辅助功能），对提高电网的稳定性和安全性具有重要意义。

广州市南沙区分布式智能微网示范项目

南沙高可靠性智能低碳微电网项目是国家发展改革委、国家能源局首批28项新能源微电网示范项目之一，入选中美智能电网第二阶段微电网技术国际合作项目，位于粤港澳大湾区中心的南沙自贸区明珠湾起步区。

项目成功探索了高密度负荷中心保底电网建设的新路径，具有巨大的经济、社会效益。南沙微电网具有并网运行和离网（孤岛）运行两种模式，能够极大提高整个供电系统的安全性、可靠性和可控性，同时还能充分利用当地的可再生能源资源，实现绿色环保。

南沙微电网实现了100%利用清洁能源就地消纳，并网运行时可再生能源可削减峰值负荷大于50%；在外部电网故障时，可实现无缝切换，从并网状态至离网状态的自动切换时间不大于50ms，外电丢失可保障核心负荷一周以上，保障自然灾害和极端天气情况下重要用户的供电可靠性。

通过建设微电网，可确保该区域面对灾害时迅速与大电网解列，形成孤网，保障重要用户不间断供电，并在灾后快速恢复重要负荷供电，具有黑启动能力，满足用户个性化、定制化能源消费需求（图4-3）。

图4-3 南沙高可靠性低碳微电网示范项目示意图

4.1.2 绿色出行

绿色出行的重要前提是确保市民的出行方式选择多样化、主体方式集约化和绿色化。重点在于倡导公交出行，打造安全舒适的步行骑行环境，减少小汽车出行，大力推进交通节能减排（图4-4）。

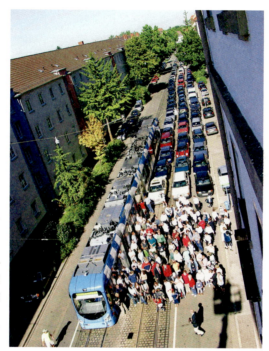

图4-4 德国法兰克福不同交通出行方式对空间消耗的试验

100名行人可以舒适地搭载一班有轨电车（占电车客容量的50%）或驾驶70辆私家车（假设每辆车的平均搭载率为1.3人）

资料来源：《公共交通一体化和公交联盟》，GIZ

（1）高质量公共交通服务体系

优先发展公共交通是落实生态文明理念及构建资源节约型、环境友好型社会的战略选择。各城市应该根据自身情况，强化公交服务，提升公共交通对私人小汽车的竞争力。

构建多模式、多层级、多主体共同参与的公共交通服务体系。根据发展需要选定以轨道交通或常规公交为主体的公交发展模式；关注不同公交方式之间的衔接，有效减少乘客换乘时间，改善居民公交出行体验，形成一个具有竞争力的一体化公交系统；鼓励多主体的公交经营服务,有序开放公交市场,为社会公交经营主体创造平等进入、公平竞争的市场环境,[1]增强公交综合竞争力。

差异化进行交通设施布局,鼓励公交出行。在中心区优先保障公交枢纽用地,加密公共交通站点和网络,释放更多道路空间给予常规公交;以静制动,通过控制停车供给,调节小汽车出行强度。在城市其他地区要确保常规公交的基础性作用。修建轨道交通的城市,应围绕轨道站点构建公交一体化发展模式,并根据轨道交通线路的开通及时对沿线公共汽(电)车系统进行相应调整。

加强体制机制建设,确保公共交通优先发展政策的持续性。要围绕提升公交服务品质这个关键点,从交通发展政策、公交资金投入、用地和路权保障、新技术赋能公交服务等多个方面一以贯之,不要换一届领导就兜底翻,要真正做到一张好的蓝图一干到底,切实干出成效来。[2]

注重公共交通对城市空间形态的塑造作用,将城市结构轴线与公共交通走廊有机结合,可以从源头上消解交通压力,实现交通和土地利用的协调发展。

[1] 广东省交通运输厅等:《广东省城市公共交通发展规划》(2016—2020),2017年6月。

[2] 习近平总书记在党的十八届二中全会第二次全体会议上的讲话(节选),2013年2月。

库里蒂巴——公交都市的典范

库里蒂巴对提供多模式公共交通服务具有丰富的经验,目前公共交通通勤出行比例已达到70%以上,极大缓解了交通拥堵等城市病,是国际公共交通联合会推崇的典范。

在交通方面,库里蒂巴构建了一个主次分明、快慢结合的常规公交体系,以及多样化、便捷换乘的公交车站(图4-5),人性化、低污染的公交汽车,极大地提升了公交的吸引力;而在城市发展方面,公交走廊和城市结构轴线融为一体,土地沿快速交通走廊集聚开发,也是交通和土地利用协调发展的典范。具体内容详见5.4。

图 4-5　库里蒂巴公共交通及其结构示意图
资料来源：视频《Curtiba Public Bus Transit System》

（2）从道路走向街道

进入 21 世纪，全球主要城市掀起了街道空间重塑的浪潮，先后编制街道设计导则，指导城市道路向街道转型。伦敦 2004 年提出塑造一座适宜步行的世界级城市，已连续出版三版街道设计导则，提出"交通场所是空间活动场所、鼓励场所营造和宜居生活、抑制机动化出行、移除不合理机动化设施、强化城市更新、强化公共空间、强化公众健康"等交通战略理念指导街道发展，街道面貌焕然一新（图 4-6）。

图 4-6　英国伦敦展览路改造前（左）后（右）对比[1]
资料来源：视频《Exhibition Road, London，Commerical Case Study》，Marshalls

前纽约交通局长珍妮特在《抢街》中记录了十多年来纽约街道的改造过程，第五大道、百老汇等诸多道路实现由机动车导向向步行导向、生活导向转变。此外，将街道的改造与经济学的"大聚居式可持续性"、高密度城市联系在一起，提出适宜于步行和公交的街道更能够支撑高密度城市的发展，而高密度城市意味着更少的人均基础设施投入与维护，以及更多的机遇、便利、交流与创新（图 4-7）。

[1] 展览路是伦敦众多顶级教育或文化事业机构的所在地。过去展览路老旧破损、机动车交通拥挤、步行道狭窄局促及街道秩序混乱。每年接待游客 1100 万，因步行环境差，拥挤的人群不得不在行车道上横穿或通行。经各利益相关方与伦敦交通局通力合作，对街道进行全面改造及限速降至 20 英里/小时。最终把这条繁忙且毫无魅力的街道，变成一条优雅的步行林荫大道和全球最知名的旅游目的地之一。

1 近十多年来,纽约交通局对街道空间进行大规模改造。纽约百老汇沿线街道改造,将2.5英亩左右的汽车车道空间分配给了行人、自行车以及公共空间;在曼哈顿第九大道建设了第一条路侧专有自行车道后的三年中,该街道伤亡人数下降了43%,而骑单车的人数则增加了63%。

图 4-7 纽约时代广场改造前(左)后(右)对比[1]
资料来源:《Street Fight》,Janette Sadik-Khan

2 汪瑜:《曼哈顿的空中花园:纽约高线公园》,《花木盆景(花卉园艺)》2011年第6期。

同样的成功案例还有纽约曼哈顿的高线公园。高线公园原来是一段高约9米(30英尺)的高架铁路,是连接肉类加工区和三十四街的哈德逊港口的铁路货运专用线。[2] 随着纽约城市经济的发展,高线公园的改造在保留枕木、碎石路基、铁轨、原生动植物等元素的情况下,构筑新的城市公园空间,赋予新的使用功能和历史使命(图4-8)。

图 4-8 美国曼哈顿高线公园

近年来，我国城市交通发展愈发注重"以人为本"，强调街道、街区的精细化管理和环境质量，北京、上海、广州等城市也纷纷发布了各自的街道设计导则。在倡导低碳经济和建设节约型生态城市的背景下，道路绝不仅限于自身的建设，更加需要加强与公共空间的结合，重点以构建独立、连续、高密度的步行和非机动车网络为抓手，紧密衔接各类公共交通站点与周边建筑，提高市民健康出行的比例。

4.1.3 建筑节能

严格地说，常规建筑本身不是基础设施，但是它们是大多数基础设施服务连接的场所，因此建筑的设计和运行对于基础设施服务的能源和资源利用效率有直接的影响。

（1）绿色低碳建筑的意义

作为《巴黎协定》的缔约方之一，中国承诺将在2030年前后达到碳排放峰值，此后需逐渐削减碳排放，要从现在的103亿吨降到将来的35亿吨。因此，能源供给和消费侧的革命势在必行。能源节约要实行总量和强度的双控，并通过调整能源结构，实现供给和消费模式的彻底改变。[1]

《建筑2030》提供的资料显示，全球建筑产生的温室气体占到总量的39%。其中28%的温室气体是在建筑运行过程中因为用电及其他消费方式所产生的，另外11%的排放量是因建筑材料、建筑装配而产生（图4-9）。

根据美国能源信息管理局的数据，过去12年里建筑存量增加了约28亿平方米（300亿平方英尺），但是能源效率的提高和电力部门的减碳化运动依旧使建筑类的二氧化碳排放量较2005年减少了20.2%（图4-10）。

[1] 江亿：《中国建筑能耗状况和发展趋势》，2017年。网址：http://www.360doc.com/content/17/0213/16/33542116_628707419.shtml。

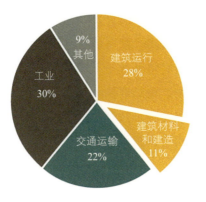

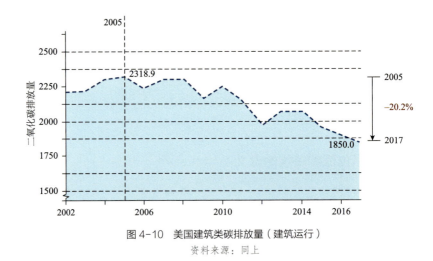

图 4-9　全球各部门二氧化碳排放及建筑能耗所占温室气体排放的比例

资料来源：美国能源信息管理局；《建筑2030》

图 4-10　美国建筑类碳排放量（建筑运行）

资料来源：同上

1 中国建筑节能协会能耗统计专委会：《中国建筑能耗研究报告（2018）》。

《中国建筑能耗研究报告（2018年）》公布的数据[1]显示，2016年，中国建筑能源消费总量为 8.99 亿吨标准煤，占全国能源消费总量的 20.6%；建筑碳排放总量为 19.6 亿吨二氧化碳，约占全国能源碳排放量的 19.0%。在 2016 年全国建筑碳排放总量中，电力碳排放占比 46%，是建筑碳排放的最大来源，北方地区采暖碳排放占比 25%，煤和天然气等化石燃料排放占比 28%。同时，住房和城乡建设部对我国能耗比例的研究表明，随着人民生活质量改善和城市化进程的加快，我国建筑能耗的比例最终将上升至 35%，高于发达国家 33% 的建筑能耗比例。为此，我国碳排放进入总量控制阶段，建筑节能是关键领域。

（2）建筑节能减排潜力大

建筑应优先采用生态设计手法，如合理的规划、选址、建筑形式，高性能的构造方式，并通过自然采暖、降温、通风和采光的策略，来减少建筑物能耗和成本。

新建建筑应根据生态设计技术优先原则，结合适宜先进高效的节能技术，逐步发展低碳、近零碳、零碳建筑。同时，既有建筑有巨大的节能潜力，应积极推进既有居住建筑和大型公共建筑的节能改造，全面提升建筑的能效。2018年，国家发展改革委选出我国建筑领域十项最佳节能技术和十项最佳节能实践（简称"双十佳"）。"双十佳"体现了我国在建筑节能技术和节能实践方面的最新成果。其中，广州白天鹅宾馆（图4-11）节能改造案例入选最佳节能实践案例名单。该案例充分证明建筑节能有很大的潜力。

图4-11 广州白天鹅宾馆节能改造项目

广州白天鹅宾馆的改造是在夏热冬暖地区，以"能效目标"为导向的既有建筑节能改造典型案例。通过系统设计和施工，实现高效制冷机房，提高制冷机房效率，节约空调能耗。全年总能耗相比改造前减少41.4%，能源费用减少1747.2万元

资料来源：广州市设计院

建筑作为能源消耗终端向能源的生产体转变。绿色低碳建筑可通过再生能源和太阳能、风能、生物质能及其他无碳途径获取能源。以广东省梅州市丰顺县精准扶贫光伏发电项目为例，中楼村文化活动中心光伏发电系统占地面积434m²，装机容量62kW，年均发电量达7万千瓦时（按25年计），年均发电收益6万~8万元。每年为贫困家庭分红增收约2000元。节约29.25吨标煤，相当于减少约47.44吨二氧化碳排放。[1]

> 1 根据南方区域电网2012年平均二氧化碳排放因子0.5271kg/kWh（二氧化碳）计算。

4.1.4 走向邻利

（1）邻避的概念

城市邻避设施是指政府在毗邻居住区的地方，规划、建设和运营的具有负外部性影响的公共基础设施。这些设施的收益为全社会共有，负外部性成本却由附近居民承担，因而容易引起当地居民的抵制和抗议。因邻避设施的规划和建设而引发的当地居民的集中反对，通常称为邻避冲突。[2]

> 2 丁进锋：《邻避冲突研究现状及其风险认知趋向》，《中国浦东干部学院学报》2017年第6期。

（2）化邻避为邻利

面对设施的邻避问题，有效的解决措施是提高设施本身土地的利用效率，第一使其公园化、绿色化，提高设施的接受程度；第二严格控制污染排放，减少对环境的负面影响。

以污水处理厂为例，居民多以污水处理过程中有害气体排放、水质恶化为由，抵制污水厂建设，导致建设推进困难重重。化解污水厂建设困境，可采用节地的建设理念，以及绿色化、无害化的科技手段。

为确保2010年上海世博会的电力供应，2004年，根据上海市城市规划，在市中心立项建设500kV变电站。2006年动工、2010年建成500kV上海静安（世博）地下变电站工程，成为国内首座超大容量、多电压等级、全地下、全数字变电站，[1]也是世界上第二座500kV大容量地下变电站，为上海的发展提供了能源保证，为上海世博会的成功举办作出了重要贡献，更为超大城市电网建设提供了新思路。

[1] 曹旸:《上海500kV世博地下变电站90m超深一柱一桩施工技术》,《建筑施工》2008年第11期。

广州——从邻避走向邻利的京溪污水处理厂

广州京溪污水处理厂因为前期选址靠近人口密集的城区，选址几易其址，后采用全地埋的建设方式和膜生物反应器污水处理技术，将影响最小化，形成一种污水处理厂高效、集约用地的新模式，污水处理厂的设计建设工作才开始迅速推进（图4-12）。具体内容详见5.5。

图4-12 广州京溪地下污水处理厂

4.1.5 变废为宝

（1）绿色化的垃圾处理手段

我国目前仍然处于城市垃圾处理设施集中建设阶段，城市垃圾处理量与处理率依然存在较大的提升空间。在处理方式上，城市垃圾处理依然以填埋为主，垃圾焚烧所占的比例逐步提高，但是垃圾分类等重要的减量化、资源化手段尚未形成规模，垃圾处理处置设施空间分布不均衡两种情况并存。部分经济发达城市的垃圾处理水平已经达到发达国家水平，部分城市还在选择垃圾处理手段上困惑不前（图4-13）。

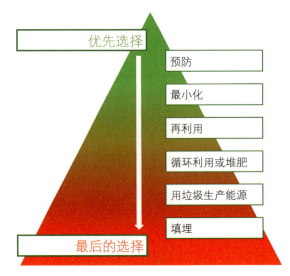

图 4-13　废弃物金字塔
根据固体废物中取得的价值和产生废物的量，进行垃圾废弃物管理策略的分类
资料来源：联合国人居署：《城市规划——写给城市领导者》，王伟等译，中国建筑工业出版社，2016

随着农村居民消费能力的增强，农村垃圾产生量也在不断增加，但是广大的乡镇和农村地区的垃圾处理还比较滞后。农村垃圾填埋方式简单，很多未进行无害化处理，对水源和土壤污染大；村民环保意识不高，随地倾倒、就地焚烧现象仍然随处可见；垃圾分类不彻底，资源再利用效果差。

面对不断升高的固体垃圾量，"减量化、资源化、无害化"成为垃圾绿色化处理的主要手段。需要通过在生产、流通和消费过程中减少资源消耗和废物产生，或实现垃圾中能源、材料再利用，来减少垃圾体积和重量。具体措施包括生产生命周期长的产品，提倡重复使用的产品，采用循环材料制造新产品，回收沼气，或利用废物与副产品产出能源。

另外，需要加强垃圾综合治理和创新实践。完善垃圾产生到分类投放、收集驳运、运输中转、处置利用等环节的管理机制，加大科研技术投入。

（2）污水治理新理念

水资源的短缺使得再生水的利用变得越来越重要。应对措施是将经过二次处理的污水，经过消毒除臭等高度处理后的污水回用于冲厕、植物浇灌、道路冲洗、冷却水补水和景观用水等，少数可作为饮用水使用。

面对污水治理，应该树立污水是资源的新理念。污水是集水、能源、有用物质等多种资源于一体的独特水体。城市污水生物回用工艺应从目前的简单去除理念转向水资源—动力的协同回收。以新加坡的新生水为例，通过深度处理（如反渗透），城市污水可被净化成高品位纯水，其能耗远低于海水淡化所消耗的能量。

城市污水处理厂需要利用大量的电能来驱动运行，高能耗成了污水处理厂面临的问题。如何解决部分用能问题，北京槐房再生水厂给出了答案。北京槐房再生水厂是亚洲最大的再生水回用工程，是一座全地下再生水厂，地上建设人工湿地保护区，实现环境治理与保护的和谐发展，日处理再生水60万立方米。槐房可以处理300多万人产生的废水，处理后的废水可用于城市管理项目或排入湿地和水道。厂区内同步采用热水解+厌氧消化+板框深度脱水的污泥处理工艺，实现污泥的无害化处置。[1] 运行中还利用污泥消化产生的沼气，提供热能和电能。

污水处理厂污泥经无害化、稳定化处理后，在重金属等有毒有害指标均符合相关标准要求的前提下，可用于农田、林地、园林绿化、土地改良等领域。[2] 同时，可以将污泥作为制砖、骨料或陶粒等的原料。

农村污水不同于城市污水，更加分散、面广、多样，氮磷高、易生化，污水易于生化降解，并且在处理过程中能耗使用少。可以采用更加成熟可靠、稳定性好、操作难度低的处理方式。

---

[1] 李明奎、曹敬斌、袁云峰：《BIM技术在槐房再生水厂工程中的应用》，《市政技术》2017年第11期。

[2] 范勇：《城镇污水厂污泥处理处置现状分析及其工程方案论证》，《净水技术》2018年第5期。

4.2 智能化

从对基础设施进行普查和数字化,到检测和预警,再到实时监控和智慧决策,基础设施的智能化对提升整体效率(特别是运行效率和使用效率)发挥了重要作用。第五代移动通信技术(简称5G)、万物互联、人工智能已经拉开序幕,它们将为城乡基础设施的智能化和效率提升开创更加广阔的前景。

4.2.1 基础设施信息化的升级换代——从数字化到智能化

在移动互联网、物联网、云计算、大数据等技术的推进下,基础设施的信息化已经走向智能化时代。

(1)数字化推动城市管理精细化

21世纪初期,伴随着3S(GIS、GPS、RS,简称3S)技术、计算机技术、互联网技术的蓬勃发展,"数字城市"的建设掀起了一股热潮,基础设施管理的信息化步伐也开始逐渐加快。2004年开始的广州"数字市政"项目就是其中的代表,提出了统一信息平台的理念,对燃气、供水、排水、通信、电力以及城市道路等各类市政园林公用设施进行全方位数字化处理。另一个典型的代表,就是北京市东城区网格化城市管理信息系统的建设,采用万米单元网格管理法和城市部件管理法相结合的方式,引入了"城管通"、城市管理监督中心和指挥中心,实现了问题发现、分派和处置的信息化处理,开启了数字化城市管理的新模式。

(2)智能化提升基础设施效率

基础设施的数字化管理是管理上的一大提升,但基础设施的数字化管理仍然过多地依靠人工参与。在某种程度上,单纯的数字化还无法充分发挥信息化的作用，在效率的提升上还有很大的发展空间。

基础设施的智能化，首先体现在安全监测与预警方面。借助物联网技术的迅速发展，将传感器部署在交通、供水、排水、环境卫生等各类基础设施上，就能及时感知设施的运行状况，如工作是否正常、有无安全问题。以往人们通过人员巡查采集回传的方式，操作时间长，覆盖不够全面，加上人工容易犯错，基础设施的安全隐患无法全方位、全天候排查。而通过传感器搭建感知网络，所有的监控数据都实时传输，监控中心可以及时掌握动态，快速反应，安全性大大提高。

基础设施的智能化，可进一步实现基础设施的智慧决策与优化。基础设施的运转需要消耗资源和能源，而通过计算模型和算法可以对基础设施的分布提出更合理的建议，或者对一些运行参数（如用户的流量数据）进行时空分布，从而进行更合理、更精确的生产调度。结合预设条件、公式计算或模型算法，可以对基础设施潜在的危险和异常进行预警，防患于未然，将事故发生率降低。在出现异常的情况下，智能化能帮助选择最佳的处理方案，将事故损失降到最低。

4.2.2 基础设施的安全监测与预警——更透彻的感知和度量

通过对城乡基础设施现状情况和规划情况进行摸底，建立完善的城乡基础设施地理信息系统。通过实时监测各项基础设施及其管网的运行情况，及时预警安全隐患，精准定位，及时落实到责任主体。

对于基础设施的安全监测，最重要的手段就是通过传感器的方式，利用前端采集设备，收集温度、压力、流量等各类信息，并通过通信模块将数据传回监控中心，这种方式需要物联网技术的支撑，具有广阔的前景。

(1) 防洪排涝监测与预警

防洪排涝的需求包括对气象信息的监测、对河道和城市低洼地区水位的监测、对城市排水管网的监测等，从而构建一个立体化的监测体系，从空中、地面到地下，从管网、内河到外江的全方位、立体化的监测体系。

南宁——智能化城市防洪预警监控

南宁市的防涝预警监控信息系统是一个感知、分析、服务、指挥和监察"五位一体"的防涝监控系统，监测范围实现全方位的覆盖。具体来说，包括了降雨量监控、地面积水点的水位监控、管网内部水位监控、管网内部的流量监控和内河外江的水位监控等（图 4-14）。具体内容详见 5.6。

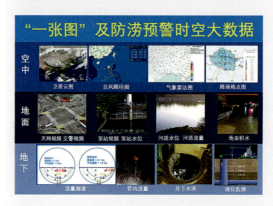

图 4-14 全方位的排水监测

(2) 水、电、热、气的安全监测与预警

通过与数据采集与监视监控系统（Supervisory Control And Data Acquisition，简称 SCADA）的对接，对水、电、热、气的流量、压力和温度进行实时监控，可以实现燃气安全监测，及时发现安全隐患，提高预警的准确性（图 4-15）。

对水、电、热、气安全监测应该体现在全链条上，例如，通过供热传感器，可以对供热生产企业、换热站以及热用户进行全面的监控，包括供热锅炉房、换热站的管网温度、压力和流量的实时监测，当出现异常情况时，可以更准确定位出现问题的环节。

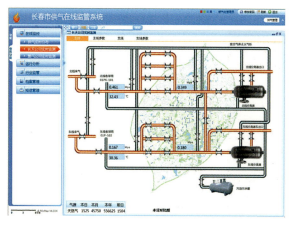

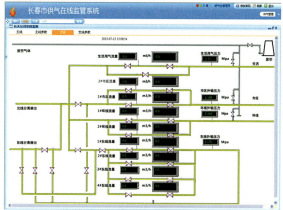

图 4-15 供气在线监测
（主线 + 支线）

在安全巡检方面，可以通过卫星定位轨迹匹配、视频行为识别等智能分析算法，了解巡查人员是否到场巡检，从而督促企业落实巡检工作。

（3）桥梁安全监测及预警

车辆超载对桥梁的损害非常大。通过引入超载监测系统，给桥梁安装传感器，可对通过车辆的载重量进行检测，在超过重量限制情况下，系统可以自动识别并进行报警（图 4-16）。结合抓拍和车牌识别技术，可以记录违规车辆的信息。同时，安装桥梁传感器也有助于收集桥梁的沉降、形变、位移情况以及分析受力情况等，及时预警，防患于未然。

图 4-16 桥梁超载动态监测

4.2.3 5G 时代下的基础设施物联网——更全面的互联互通

随着 5G 时代的到来，通过传感器方式进行监测和预警的应用将迎来新的发展机遇。

（1）全行业、全链条的覆盖

5G 网络的大容量特性，意味着更全面的互联互通。基础设施往往是海量的，例如地下管网，由千万个管网段和管点组成，涉及供水、排水、燃气、电力、热力等多个专业。地面上的设施也是海量的，如交通设施、路灯、井盖、绿化设施和户外广告等。在第四代移动通信技术（简称 4G）时代，容量问题限制了海量传感器的接入。但是，在 5G 时代下，更全面的互联互通成为可能，大容量特性可以促成基础设施监管的全专业覆盖。

除了全专业覆盖，5G 网络还促进了基础设施的全链条监管。在 4G 条件下，无线网络连接范围较为有限，覆盖范围小。5G 技术已经考虑到了这个需求，例如窄带物联网（Narrow Band Internet of Things，简称 NB-IoT），它的传输距离能达到 10km，而且如此长的距离，只需建立一个基站，成本低且效益更佳。因而，利用 5G 技术，可以更方便地实现水、电、热、气等公共产品从源头生产、中继转换、线路传输和用户末端消费的全链条监管。

(2) 绿色、高效的安全监管

基础设施的安全性尤为重要，特别是涉及燃气、供水、排水等设施时。因此，智能化的安全监管对设备和网络的可靠性和实时性要求非常高。5G 网络的延迟在毫秒级别，是 4G 时代的十分之一，并且支持优先级，可以优先传输与设备的状态有关的数据和控制指令，为后台的处理决策争取宝贵的时间。

5G 网络下的物联网更有绿色节能的特点，在非紧急状态下，物联网设备可以低功耗的模式运行，与中央服务器保持低频率的通信；而在紧急情况下，又可以通过特殊指令唤醒设备，进行实时传输。为监测城市积水情况，我们可以在易涝点安装水位监测设备（图 4-17）。基于 NB-IoT 的 5G 网络技术，在旱季，设备几乎不发送信息，从而节省电能；而在雨季或者暴雨来临的时候，根据水位的变化，设备又可以自动加快数据发送的频率，以满足实时监控的需要。

图 4-17　积水点监控设施

城市供水、供气、供热等基础设施的智能化升级是近两年智慧城市中最为典型的民生应用项目，NB-IoT、远距离无线电（Long Range Radio，简称 LoRa）等低功耗广域网络的商用，给公用事业带来了更适用的接入网络技术。例如，继全球首个 NB-IoT 物联网智慧水务商用项目在深圳发起之后，福建、湖南、宁夏等地快速开展基于 NB-IoT 的智慧水务试点应用，华润燃气、深圳燃气、福州燃气、新奥燃气、北京燃气等公司也在开展基于 NB-IoT 和 LoRa 技术的智慧燃气试点。

（3）互动性全面增强

在全联接、云端化的平台下，借助 5G 技术在数据速率和实时性方面的优势，人与基础设施的互动性大大增强。例如，结合当前流行的增强现实、虚拟现实技术，利用全息眼镜，工程师们可以现场透视地下管线分布、走向以及附属设施，甚至管网里面的水、热、气的流动情况，进行可视化操作，从而在基础设施的建设规划、勘察设计、日常巡查、养护维修和事故排查等方面提供更优质服务。

4.2.4　基础设施的智慧决策与优化——更深入的智能化

信息技术可辅助进行城乡基础设施规划、建设、管理决策，如根据基础设施现状及规划情况，对拟新增设施及管网提出选址建议；如在基础设施出现安全预警，特别是重大安全事故时，快速提供若干解决方案供管理部门决策等。

（1）智慧决策与优化的基础

基础设施的智能化，带来了海量的城市运营数据。遍布全市的传感器，无时无刻不在采集水热气的温度、压力、流量信息，以及气象雨情信息、垃圾量信息等；各类业务系统也不断产生数据，如审批数据、运营数据、设施养护记录、公众投诉情况等；同时天网、雪亮等工程也形成了庞大的视频资源数据……这些海量的数据为决策优化提供了基础。

杭州于 2016 年开始打造"城市大脑"项目，将交通、能源、供水等基础设施全部数据化，连接散落在城市各个单元的数据资源，打通"神经网络"。[1] 以交通为例，数以百亿计的城市交通管理数据、公共服务数据、运营商数据、互联网数据被集中输入杭州"城市大脑"。"城市大脑交通模块"率先在萧山区市心路投入使用，将道路监控、红

1　蚂蚁金服集团研究院：《新空间·新生活·新治理——中国新型智慧城市·蚂蚁模式白皮书(2016)(节选)》，《杭州科技》2017 年第 4 期。

绿灯等设施每天产生的海量数据统筹协同，计算出实时的交通优化方案。试验结果显示，通过智能调节红绿灯，道路车辆通行速度平均提升了3%～5%，部分路段提升了11%。[1]

（2）智慧决策与优化的应用场景

①能耗模型——提升能源的利用效率

水电热气的使用量数据具有巨大的挖掘潜力，可以反映公用事业生产能力，反映居民的消费习惯，反映季节、天气变化对居民使用量的影响规律，也可以反映不同地区、不同经济条件下的资源能源消耗情况，为市政公用设施的规划和设计提供参考。

北方城市的供暖需求对天气变化尤为敏感。不同居民片区的供暖使用量对供热管道的设计也产生影响，对管道的流量、管径的设计提出了要求。在大数据支撑下，可以推算分析不同的天气条件下居民热用量的变化规律，为供热的生产调度提供模型参考。通过从供热生产锅炉房、换热站和居民楼内不同部位的温度、压力、流量监测，结合供热管道的距离、材质数据，可以形成热能的损失模型，为更优质的供热管道设计提供参考。

②排水模型——智慧排水的核心所在

一个城市排水是否顺畅，涉及的因素包括降雨的情况、管网及排水设施的排水能力、地表吸纳降雨的能力、城市的地形情况和内江外河的水文情况等。在智慧排水的理念指导下，通过建立排水模型，将上述涉及排水的所有因素综合起来，分析一定的降雨情况下城市所受的内涝威胁有多大。具体来说，城市哪些地方最可能发生水淹？水淹的范围有多大？内涝会持续多久？排水管网的瓶颈在哪里？更进一步，排水模型还可以为城市的排水设施的规划和设计提供参考，例如，要抵御一年一遇到百年一遇降雨，需要在哪些地区增加排水设施，如何选用排水管网管径尺寸，等等。

[1] 袁倩、郝丹丹：《浅析人工智能背后的问题》，《法制与社会》2018年第22期。

4.3 协同性

基础设施在空间形态上可分为线性设施和块状设施。线性设施以道路为主要载体,通过对道路竖向和平面的一体化整合,实现线性空间效率与品质的提升。块状设施以重大市政、交通设施为抓手,通过与城市环境、城市开发的协同整合,实现城市由点及面的可持续发展。

4.3.1 道路空间整合相关设施

道路是基本的城市线性开放空间,是各类交通的通道,也是各种管线的廊道,是人们各种活动的重要场所。两侧的建筑、广场、公园依赖着道路提供观察视角和可达性,决定着城市的体验感。然而,多种功能在道路空间上的重叠、挤压、连接,常常使道路空间变得杂乱无章并影响其正常运作。道路整合就是以道路为中心推进城市在线性空间上的一体化,使道路空间内部、道路空间与场所空间、现状空间与未来空间形成标准衔接、功能连续、具有韧性的整体。[1]

(1) 竖向一体化

统筹考虑道路立体空间,集约利用道路空间资源,整体安排地上地下设施,按地下空间分层利用原则,支持市政管线和轨道交通统一建设,优化地面绿化景观及立体交通组织,提高道路整体适应性。[2]

①地下空间分层利用原则

地下空间是市政管线、交通等重要功能的载体,但由于在竖向空间上的高度重叠,为了避免相互干扰,迫切需要制定分层预留的使用规则。目前国内上海、广州等地均出台了地下空间规划建设的相关条例,对地下空间的分层利用进行了规定。结合国内外先进城市的相关实践,地下空间分层利用主要有以下原则(图4-18):

---

[1] 王炜、过秀成:《交通工程学》,东南大学出版社,2000年。

[2] 向鑫:《轨道交通型地下综合体疏散空间设计研究》,北京工业大学博士论文,2012。据中国优秀博硕士学位论文全文数据库:http://cdmd.cnki.com.cn/Article/CDMD-10005-1012036797.htmhttp://cdmd.cnki.com.cn/Article/CDMD-10005-1012036797.htm。

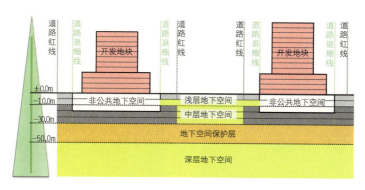

图4-18 地下空间立体分层控制示意图

浅层地下空间（0~–10m）：在优先安排市政管线、地下步行交通、民防工程等基础设施的基础上，有序、统筹开发公共活动和综合开发功能；

中层地下空间（–10~–30m）：重点安排城市市政、交通等功能设施，结合需求适度安排综合开发功能；

保护层（–30~–50m）：控制厚度约为20m的保护层，作为近期暂不开发的安全缓冲带，提高地下空间安全利用标准；

深层地下空间（–50m以下）：雨水调蓄、物流、能源、交通等未来城市重要基础设施的预留控制区。

对于城市开发地块的非公共地下空间，将其开发限制在地下30m以内，为城市公共地下空间的各类市政基础设施建设预留充足的空间。

②统筹建设地上地下空间

统筹安排地上地下交通空间，加强各层次交通与城市功能的融合，合理安排地上交通设施布局，促进道路空间内交通网络立体化和便捷化，避免地上交通设施对公共空间的不合理挤占。科学合理选址高架道路、地下道路、人行天桥、隧道等设施，加强与周边城市功能、人流活动、城市景观的协调；整合地面、地下步行空间及立体设施等（图4-19），形成连续完整、顺畅安全的步行系统。

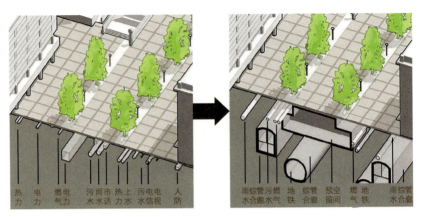

图 4-19 地下市政设施布置优化前后示意图
资料来源：《北京街道治理更新城市设计导则》

市政设施建设要做到统一规划、统筹推进、协调建设时序。各市政管线设施应提前开展专项规划并加强与道路建设时序的结合，而道路规划、设计、建设初期也应该充分预留市政设施建设空间和条件。新建改建的管线工程应同步建设。

为防止"马路拉链"现象产生，一些城市明文规定，新建、改建、扩建道路交付使用后5年内不许开挖。

（2）平面一体化

①统筹安排各类交通功能

以交通有序为目标统筹道路红线内的各种交通功能。加强城市交通规划和道路工程设计、交通管理之间的衔接问题，促进各交通方式之间的协调。在城市交通规划中合理确定路网密度、街区尺度，加强交通组织设计和对沿线地块出入口的管控，并根据道路的区位和分级、分类合理确定各交通方式的选择与安排，突出步行、非机动车和公共交通等绿色交通方式，并加强各交通方式间的衔接。[1]

②合理衔接红线内外建设

道路红线内外的功能是有机联系的整体，应打破道路红线的无形界限，从道路红线管控转向建筑立面以内的街道整体空间管控，把道

---

[1] 冯永民：《基于人性化的城市生活性街道空间设计策略研究》，河北工程大学博士论文，2017。据中国优秀博硕士学位论文全文数据库：http://cdmd.cnki.com.cn/Article/CDMD-10076-1017166448.htm。

路与两侧建筑之间的空间一并纳入规划设计，以"完整街道"理念统领道路建设，实现"交通与场所"兼而有之，满足所有道路使用者需求（图4-20）。

在实施道路空间一体化建设中，应重点关注步行空间最大化、步行和自行车骑行安全性、城市景观一体化、建筑前区的统筹利用等四个要素。比如，应兼顾活动需求与景观展示要求，确定红线内外整体的景观布局，鼓励红线内外的公共空间紧密连通，统一设计（图4-21）；结合建筑功能，分别制定道路与建筑联系空间的设计风格和设计要点。

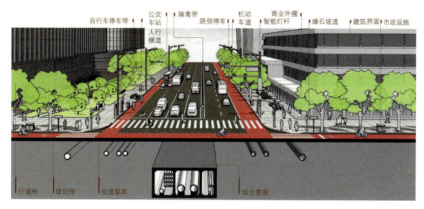

图4-20 完整道路空间平面要素布置示意
资料来源：《北京街道治理更新城市设计导则》

图4-21 道路红线内外界面做法示意（以带状硬质座具和丰富绿植打破线形布置）

4.3.2 重大设施协调综合开发

(1) 基础设施协同城市环境

市政基础设施占地大，对城市环境影响大，通过地下化、建筑合建、优化建筑形式等方法可实现与城市环境的协同，促使综合开发。

①变电站合建或邻建

合建或邻建是指变电站与其他民用建筑联合建设或者贴邻建设，使之成为一体建筑，或者采用联合建筑、相邻建筑（突破变电站与周边敏感设施传统 50m 的距离要求）。在土地资源有限、土地成本高的城市，已经有相当数量的合建及邻建变电站。合建的如与两幢 18 层高层住宅相结合的上海 220kV 复兴变电站，与广州电力工程监理公司合建毗邻天河城的 110kV 金茂变电站，与体育活动中心合建的南京 110kV 汉西变电站等。邻建的如香港油麻地 400kV 变电站，与西贡街游乐场只有一道矮墙相隔，周边为商业建筑及医疗设施。此外还有位于上海金沙江路月星环球博览中心的 110kV 变电站等。

②地下变电站

土地资源极其有限但用电负荷很高的超高层公共建筑群区、中心商务区及金融商贸街区，一般建议结合绿地、广场等建设地下变电站。北京电力科技馆（菜市口地区 220kV 输变电工程及其附属设施）为与大型公共建筑结合的范例（图 4-22）。广州 110kV 中旅变电站，楼顶为绿荫足球场。

(2) 以公共交通为核心整合城市开发

以地铁站点为核心的公共交通导向发展模式（Transit-Oriented Development，简称 TOD）开发已经成为国内外大城市开发的重要模式。以地铁站点为核心，实现交通系统与城市开发系统的有机整合，可以促进城市空间的集约发展，也是改善居民体验、提高城市活力的重要手段。

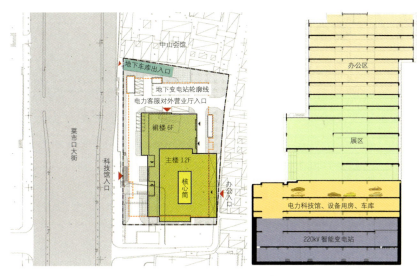

图 4-22　北京电力科技馆[1]

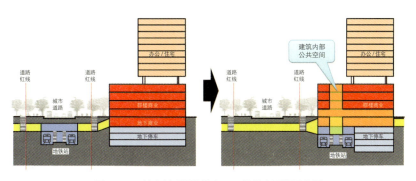

图 4-23　城市基础设施的上下一体综合开发示意图

我国香港地区在公共交通整合城市开发方面具有丰富的经验。目前一体化、集约化、多元化、规模化最突出的案例就是香港九龙站综合体开发项目，它是功能丰富的交通换乘综合体，使用上下一体、立体分层、功能复合的树状结构进行紧凑开发建设，将轨道下地、车辆段上盖、市政道路通入建筑内部，并且在立体开发的综合体内容纳了更多的城市交通空间——步行通道、休憩中庭、汽车停靠、交通转换站等各种空间要素组成立体网络。地上地下空间的高度整合，改善人们出行条件的同时，也增强了城市的活力，促进了城市的可持续发展（图 4-23）。

OPTIMIZATION MEASURES OF URBAN-RURAL INFRASTRUCTURE

1　北京电力科技馆作为国内第一个开放式 220kV 运行变电站，既承担着本区域电力输送的重任，同时也是北京电力系统最重要的展示厅之一。工程地下共有 5 层，其中地下三至五层是 220kV 变电站，地下二层以上是电力科技馆及其自身的设备用房、地下停车库等功能用房。地上一至六层为展区，七至十二层为办公区域。

4.4 安全性

安全是底线,没有安全,基础设施的效率将失去意义。基础设施的安全主要体现在三个方面:一是自身安全可靠,保证在日常及极端气候环境下提供稳定的服务;二是避免因基础设施而产生的人员伤亡事故;三是做好城市安全的卫士,保证城乡免于洪涝之灾和垃圾围困之苦。

4.4.1 确保设施稳健运行

基础设施随着使用年限的增加会出现老化,妥善的维护措施可保证设施稳定性,并提高基础设施的运行效率,即使在极端情况下,也不能出现大规模的断水、断电、断气情况,不影响城市生产、生活的正常运转。

(1) 妥善维护基础设施

随着城市化进程的进一步加快,原有基础设施建设标准较低、部分管网老化严重、超高压带病运行和工程建设遗留隐患等问题会导致事故频发。基础设施老化会带来巨大的安全隐患和财政损失。例如,美国洛杉矶基础设施老化问题十分严峻,因基础设施老化问题导致的危险性事故频发,根据洛杉矶水电局估算,自 2010 年到 2014 年洛杉矶地区共发生超过 5200 起漏水事件,严重影响了城市的运转。[1]

为进一步保证设施运行,首先要深化隐患排查,做到摸清家底、心中有数。加大基础设施监测的力度,结合智能化、5G 等新技术,特别是针对城市供水、污水、雨水、燃气、供热、通信等各类地下管网,做到监测全覆盖、全天候、全周期。分析监测前端结果,结合温度、湿度、空气质量等变化,排查风险隐患,做到合理预警。对于建

---

[1] 参考网页:城市基础设施更新的国际经验借鉴 http://www.crd.net.cn/2018-11/15/content_24739628.htm.

设时间久远,无法做到智能化覆盖的基础设施要加强人工巡逻和定期排查。

在检测中利用智能化手段对异常情况自动预警,发现问题快速响应、及时维护。出现问题时及时上报,采取有效措施防止继续恶化。及时开展抢修业务,避免故障严重化。建立有效的设备资源调度机制和协同机制,加强检修作业人员业务水平。提高对基础设施维护工作的认识程度和投入力度,把加强和改善基础设施建设作为重点工作,大力推进。

(2)提高设施韧性

随着全球气候变暖,极端天气频繁出现,洪涝、干旱、热浪、低温袭击着城市,城市系统变得愈加脆弱,面对气象灾害时不堪一击,造成巨大的损失。

提升城市应对自然灾害的能力,关键在于提高城市基础设施韧性。具体而言,基础设施韧性可以体现为其抵抗干扰、减少级联失效并从中快速恢复的能力,即在面对灾害时的恢复能力。

增强城市基础设施韧性,在于科学合理、系统完善、用地节约地规划建设。遵照相关的防灾设施标准进行合理布局,避免在地质危险区、洪涝易发区进行布置。设施本身应系统完善、功能齐全,能够抵御灾害的侵袭。同时可结合绿地、跑道、球场等公共空间协同建设,提高土地的利用效率。

提高关键设施的冗余度,增强城市应急救灾能力。建立应急设备设施,且在时空维度上分散布局,避免系"城市生命"于一线。一旦灾害突发造成个别部分的功能丧失,多样冗余的后备模块即可补充严重的缺陷,使因功能失灵而整体瘫痪的城市系统得以迅速复原(图4-24)。[1]

---

[1] 刘严萍:《韧性视角下城市生命线设施智慧管控发展展望》,《城市管理与科技》2018年第6期。

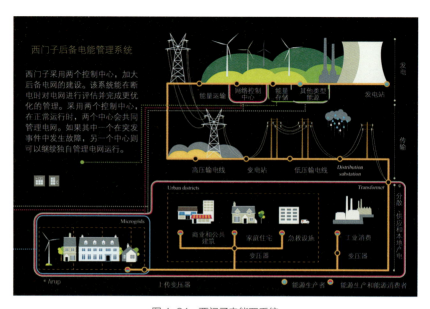

图 4-24 西门子电能双系统
资料来源：改绘自《Toolkit for Resilient City》

4.4.2 重点设施安全防控

基础设施安全防控事关国家安全和使用者的人身安全。危化品、燃油、天然气等易燃、易爆、易泄漏设施必须做好从生产到使用全过程的防控。

（1）重点设防基础设施

基础设施本身也是致灾因子，城市基础设施自身安全性至关重要。重点设防基础设施是指发生安全事故后将造成影响范围大、影响程度恶劣、重大人员伤亡、重大财产损失的设施。

例如，由于运输车辆达不到设施要求、违规运输、道路运行条件不佳等因素，危险品的运输过程中出现特大的交通安全事故屡见不鲜。

其次，包括燃气、供热、输油管设施等重点设防基础设施和危险化学品仓储区泄漏、爆炸，一旦处理不当，会造成巨大人员伤亡和财产损失。2013年11月，青岛市输油管道发生泄漏爆炸特别重大事故，事故共造成62人死亡、136人受伤，直接经济损失7.5亿元。事故主要原因是企业安全生产主体责任不落实，隐患排查不彻底，现场处置措施不当。

（2）重点基础设施防控措施

在建设和运营过程中严守安全法律法规。规划建设符合相关要求，避开地质不利区，提高源头安全，保障安全防控距离。重点设防措施遵守《安全生产法》《危险化学品安全管理条例》《道路危险货物运输管理规定》《天然气管道保护法》《城镇燃气管理条例》等法规条例，保证运输、运营过程安全可控。

严密监测，实时监控。危险品运输车辆需安装卫星定位装置并纳入全国重点运营车辆联网控制系统，保证实时监控。对输气干管采取环状布局模式，结合智能化的手段建立严密的安全监测预警网络，特别是出现打孔盗油、打孔盗气等违法犯罪行为时，自动联网公安系统。

增强处置突发事件能力，完善城市安全相关应急预案。做好预防与应急准备、监测与预警、应急处置与救援、事后恢复与重建等应对活动。提高设施和管网的设防标准和骨干网段的抗灾能力、应急能力。制定完备、严密的应灾策略和救灾能力。

4.4.3 保障城市安全

（1）提升防洪排涝设施效能与标准

我国的国土面积较大，气候环境复杂，降雨的时空变异性大，这决定了中国水旱灾害的频繁发生。治水，一直是中国头等大事，是立国之本，关乎国家的稳定和发展。"善为国者，必先除水旱之害"，春秋时代管子留下的古训依旧适用。

城市防洪排涝系统工程包括区域性防洪工程（如江河湖海的堤坝、水库、分洪等工程）和疏导城市内部的中微观防洪排水设施。

强基固本，加强城市防洪设施建设。加强病险水库除险加固、中小河流治理和山洪灾害防治，推进大江大河河势控制，开展堤防加固、河道治理与控制、蓄滞洪区等建设工程，完善城市防洪排涝基础设施。[1] 根据经济社会发展要求，适时调整治理标准，不断提升防汛抗旱能力。大幅度降低水利工程病险率，解决悬在人民头顶上的"一盆水"隐患，保证水库安全度汛。河南河口村水库工程位于黄河支流沁河上，[2] 以防洪供水为主，兼顾灌溉、发电和改善生态基流，控制流域面积 9223km^2，是黄河下游防洪工程体系的主要组成部分，与三门峡、小浪底、故县、陆浑等水库联合调度，消减黄河洪峰流量，改善调水调沙条件（图 4-25）。

[1] 鄂竟平：《工程补短板 行业强监管：奋力开创新时代水利事业新局面——在 2019 年全国水利工作会议上的讲话（摘要）》，《中国水利》2019 年第 1 期。

[2] 王会：《河口村水库工程顺利通过竣工验收》，《济源日报》2017 年 10 月 20 日第 1 版。

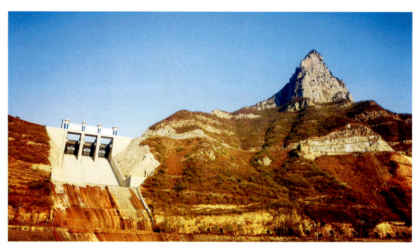

图 4-25　河南河口村水库工程

资料来源：汇图网

城市面对的主要问题是"城市看海"，内涝问题严重。解决城市内涝需合理控制城市高程系统，建立源头减排、过程控制、系统治理的蓄排平衡的排水防涝工程体系。一方面加强城市高程系统规划控制,另一方面加强城市排水系统建设,根据发展需求提高排水能力和容量,增设源头、过程、末端调蓄设施,削减径流峰值。借助"海绵城市"理念,系统建设城市绿地、道路、水系,加强雨水的吸纳、蓄渗和缓释作用,有效缓解城市内涝。强化城市涝灾的监测预警,加强防涝应急指挥系统和排水设施管理。

(2)优先防治环境污染源

我国生态环境形势严峻,污染防治工作任重道远。基础设施需要紧扣生态环境质量改善、主要污染物总量减排、环境风险管控三大目标,打赢大气、水、土壤的保卫战,还人民以蓝天、碧水、净土。

以生活垃圾处理为抓手,做到生活垃圾处置减排,破解"垃圾围城"的困境,保证土地清洁。通过垃圾分类和源头减量,减少垃圾处理量。完善垃圾填埋场的防渗设施,避免垃圾渗滤液泄漏,垃圾渗滤液处理设施应按照有关技术规范进行工程设计和建设,处理至排放标准,避免对周边的土壤和地下水造成污染。

严控污水排放,完成《水污染防治行动计划》任务要求,整治水环境。以提升水环境质量为核心,以河湖长制为抓手,集中开展河流"脏乱差"和"黑臭河"问题专项整治行动,加快推进治理污水重点项目。大力开展河道清淤治理工作,推进中小河流治理,提供水岸美的亲水平台。

控制燃煤污染、汽车排放污染、发电污染,提升空气质量。根据实际情况,将燃煤锅炉改造为燃气锅炉,以减少大气污染,削减二氧化硫排放量。加强车辆污染物面源防控,调整货运结构,提升铁路的货运比例和推动海铁联运;推动柴油车、机动车污染整治的专项活动;推广使用新能源汽车;淘汰老旧汽车,提升油品标准。同时通过电网的绿色化升级改造,采用清洁电能,调整用电结构。

05

案　例

- 本章介绍国内外六个创新实践案例，以期为城市管理者提供参考借鉴。

5.1 浙江:"千万工程"造就万千"美丽乡村"

1 《扎实推进农村人居环境整治工作》,《人民日报》2019年3月7日第1版。

2003 年,在时任浙江省委书记习近平同志亲自决策、部署、推动之下,"千村示范万村整治"工程正式启动。"千万工程"围绕着整治农村人居环境这一宏大命题,开展了 15 年"久久为功"的整治工作,并取得显著成效(图 5-1)。截至 2019 年 3 月,浙江省农村生活垃圾集中处理建制村全覆盖,卫生厕所覆盖率 98.6%,规划保留村生活污水治理覆盖率 100%,畜禽粪污综合利用、无害化处理率 97%。[1] 2018 年,浙江"千万工程"凭借扎实的基础设施,净化、绿化、亮化、美化乡村环境,获得联合国"地球卫士奖",为全国乃至全世界乡村建设提供了经验与办法。

图 5-1 浙江桐庐县江南镇环溪村

5.1.1 乡村道路等基础设施均等化推进

为补齐农村基础设施短板,浙江省加大农村道路建设力度,加强中心村的公共服务配套设施建设,提升服务能级。

道路基础设施先行，建好、管好、护好、运营好农村公路。2003年开始，浙江实施以通乡、通村公路建设为重点的"乡村康庄工程"。2006年实现所有乡镇通上等级公路。2010年底实现农村公路"双百"目标：等级公路通村率、路面硬化率均达到100%。"乡村康庄工程"的实施，使浙江农村公路建设实现了跨越式发展，也形成了"农村公路网、安全保障网、养护管理网、运输服务网"四张网体系，基本实现农村公路建、管、养、运一体化发展。

积极开展中心村培育建设，让村民能够享受到城市人的便利和公共服务。浙江省先后共培育省级重点中心村1200个，每个中心村辐射带动3~5个行政村，形成以中心村为核心的公交、医疗、卫生、教育、文化、社保等30分钟公共服务圈。做到用电"户户通、城乡同价"，广播"村村响"，如今浙江的城乡居民收入之比为2.054∶1，成为全国城乡发展差距最小的省份。

5.1.2　全面实施村庄环境综合整治

全面推进村内道路硬化、垃圾收集、卫生改厕、河沟清淤、村庄绿化，重点改善农村群众最急需的生产生活条件。[1]

推动整治村串点连线成片。整乡整镇统一治理，将多个村庄一次性打包，按照"多村统一规划、联合整治、城乡联动、区域一体化"的要求，开展路网、垃圾处理网、污水治理网、管网一体规划和建设，推进村庄整治和沿线改造。开展路边、河边、山边、公路边的清洁、绿化、美化工作，清除农村多年生活垃圾、建筑垃圾。

大力开展"厕所革命"。坚持以农村既有公厕为重点，以独立式和附属式公厕为主要对象，积极采取对标改造、提升改造和补缺建设等措施，扎实推进农村公厕改造，同步实施公厕粪污治理，加强农村公厕管理服务。[2] 浙江开化县围绕国家公园建设，大力开展"厕所革

---

[1] 上海市农村经济学会：《绿水青山换来金山银山——浙江省美丽乡村建设、农家乐旅游调研报告》，《上海农村经济》2017年第11期。

[2] 参照《浙江省农村公厕建设改造和管理服务规范》。

命",努力把厕所建成国家公园的旅游标志和展示形象的重要窗口。拆除县内全部农村旱厕和露天厕所,并通过以奖代补的形式激励公厕新建、改建工作。新建的厕所统一公厕面积、外观和标志标识,形成白墙黛瓦的徽派风格。

5.1.3 重点突破农村生活污水治理

首先,以卫生改厕为突破口减少农村生活污水的源头污染问题。其次,针对重点问题实施农村生活污水治理三年攻坚战。扩大生活污水治理村的数量,增设厌(兼)氧处理终端站点、新建或改造化粪池、敷设污水处理管道。其中,能纳入城镇污水管网的积极纳入城镇污水管网,不能纳入的就地自建集中型、区域型、联户型、单户型生态化污水治理设施。在处理技术工艺的选择上,选择成熟可靠、经济适用、能耗低、易维护的技术工艺。同步出台《关于加强农村生活污水治理设施运行维护管理的意见》,推动各地建立起"县级政府为责任主体、乡镇政府为管理主体、村级组织为落实主体、农户为受益主体、第三方专业服务机构为服务主体"的设施运行维护管理体系。

5.1.4 扎实推进农村生活垃圾收集处理

扩大垃圾收集的覆盖面积,提升垃圾收集服务。扩大农村保洁员的队伍,落实保洁员的工作职能,提高清扫、运送的次数。农村保洁员现有6万多名,配置清运车6万多辆、建设机器快速成肥资源化处理站1800多个。

将更多的村庄纳入"户分、村收、有效处理"的系统中,建"四个到位"工作制度。保障保洁队伍、环卫设施、保障经费、工作制度到位,建立起空间上、管理上、资金上、处理上的完整体系。

围绕着农村垃圾的无害化、减量化、资源化，不断开展农村垃圾分类工作。秉承先易后难的工作方法，逐步推进。2003—2012年是垃圾"户集、村收、镇运、县处理"的垃圾处理模式阶段，2014年开始围绕"最大限度地减少垃圾处置量，实现垃圾循环资源化利用"总体目标，改革农村垃圾集中收集处理的传统方式。在"户分类、村收集、有效处理"为主要模式的分类处理工作的基础上，就地实现减量化、资源化。以开展中心村垃圾分类试点为工作方法，建立农村生活垃圾分类资源化站点，积极探索"分类收集、定点投放、分拣清运、回收利用、生物堆肥"各环节的科学规范的基本制度。[1]

[1] 吕月珍、潘扬、孔朝阳：《农村生活垃圾治理"浙江模式"调查研究》，《科技通报》2018年第34期。

金华市探索农民接受的、易于实现的"二次四分法"。首先以是否腐烂为标准，由农户将生活垃圾分为"会烂"和"不会烂"两种。[2] 保洁员在"不会烂"的垃圾中再分"能卖""不能卖"两类。最终，70%会烂的垃圾进入阳光堆肥房，15%能卖的垃圾就地回收，15%不会烂也不能卖的垃圾统一填埋或焚烧。垃圾分类的最简化，大大降低了垃圾分类推行的难度，培养了村民垃圾分类的习惯（图5-2）。

[2] 本刊综合：浅析农村垃圾分类处理——金华模式，《湖南农业》2018年第2期。

图5-2 金华市垃圾处理模式

推荐阅读材料：

中央农办、农业农村部、国家发展改革委《关于深入学习浙江"千村示范、万村整治"工程经验扎实推进农村人居环境整治工作的报告》。

5.2 上海：垃圾分类新时尚

2018年11月，习近平总书记在上海考察期间听取了社区党员对垃圾分类做法的介绍后，强调"垃圾分类工作就是新时尚！垃圾综合处理需要全民参与，上海要把这项工作抓紧抓实办好"。

2000年上海市被确定为全国8个"生活垃圾分类收集试点城市"之一，在中心城区600个居住小区广泛开展生活垃圾分类。之后，经过十多年的积极探索，逐步形成了一系列可复制、可推广的生活垃圾治理经验。

2019年2月，住房和城乡建设部在上海召开全国城市生活垃圾分类工作现场会，会议分享了上海的经验，并要求46个重点城市切实把垃圾分类工作抓紧抓实、抓出成效。

5.2.1 完善的制度条例和配套文件

《上海市生活垃圾管理条例》（以下简称《条例》）于2019年7月1日正式实施，以实现生活垃圾减量化、资源化、无害化为目标，建立生活垃圾分类投放、分类收集、分类运输、分类处置的全程分类体系，积极推进生活垃圾源头减量和资源循环利用。

《条例》共十章六十五条，分为四大板块。第一板块明确了立法目的依据、生活垃圾的定义、管理原则、分类标准、政府职责、垃圾产生者责任等内容。第二板块明确了生活垃圾相关规划的编制、相关设施的建设、垃圾源头减量和分类投放、收集、运输、处置、资源化利用的要求与办法。第三板块明确了完善社会动员体系、加强监督管理等内容。第四板块明确了法律责任和施行日期，并对三类特殊生活垃圾以及非生活垃圾的法律适用作出指引性规定。

为确保《条例》有效落实与实施，上海市指导、督促市相关部门编制了《宾馆不主动提供一次性用品目录》《生活垃圾处置总量控制办法》《快递业绿色包装标准》《菜场湿垃圾就地处理设施配置标准》等 18 项配套文件，与《条例》同步施行。

5.2.2 广泛宣传发动，营造良好氛围

为保证垃圾分类理念深入人心，上海市在全市范围内深入开展宣贯活动，通过"进社区、进村宅、进学校、进医院、进机关、进企业、进公园"一系列垃圾分类宣传活动，普及垃圾分类知识。截至《条例》正式发布前，宣讲师达到 3000 余名，举办《条例》培训会 1.3 万余场，宣传活动 1.9 万余次，发放宣传资料 3400 余万份，完成入户宣传 930 余万户。

同时，上海市指导全市媒体形成垃圾分类宣传"大氛围"，做好垃圾分类公益性宣传。上海市民对于垃圾分类的讨论引发了关于垃圾分类的全民大讨论，垃圾分类长期占据各项媒体头条，《条例》也被称为"史上最严垃圾分类条例"。

5.2.3 促进源头减量，创新经验做法

上海市明确规定，餐饮店、旅馆、公共机构不得主动提供一次性餐具。逾期不改正的，处 500 元以上、5000 元以下罚款。作为响应，各外卖平台通过技术手段统一调配，推出"推荐无需餐具"功能。据外卖订餐平台的数据显示，2019 年 7 月 1~4 日，"无需餐具"订单量环比 6 月同期增长了 149%。

快递包装是城市生活垃圾增量的主要来源之一。为此，上海市规定电子商务和快递企业需使用电子运单和环保箱（袋）、环保胶带等环保包装进行货物包送运输。部分上海高校和社区设立了纸箱共享站，倡导市

民与学生"把纸箱留在驿站,让资源循环利用"。学校收发快递的中转站均设置了供师生拆解包裹的平台,同时配置大容量的包装回收箱,师生可以将不用的快递包装扔到回收箱,提高快递包装物的回收利用率。

未经初加工的毛菜上市不仅会大量增加蔬菜垃圾,也影响城市环境卫生。为此,上海市加大了净菜上市在标准化菜场、生鲜超市、大型超市等场所的推进力度,同步落实新建和已建农贸市场、标准化菜场的湿垃圾就地处理设施配套工作。

5.2.4 严格组织实施,推动贯彻落实

为保证垃圾分类工作有效落实,上海市持续推动垃圾分类收运体系全面覆盖,开展垃圾回收服务点、中转站和集散场改造工作,并配置垃圾分运车,杜绝混装混运现象。在每个小区配置志愿者开展垃圾开袋检查和劝导指导等工作,物业部门增加巡查、保洁频率,对垃圾不规范投放现象进行记录、反馈和公示,同时征集家庭主妇和退休人员投入垃圾分类志愿者工作中,利用熟人圈社交圈效力,增强垃圾分类工作的成效(图5-3)。

图5-3 志愿者检查垃圾分类情况

强化执法监督,充分发挥社会监督员的作用。上海市组织社区居民、新闻媒体对物业分类驳运、环卫分类收运开展检查,并开通电话和微信举报双渠道(图5-4)。与此同时,通过上海垃圾全程分类信

息平台的生活垃圾分类清运处置实时数据显示、生活垃圾全程追踪溯源、垃圾品质在线识别等功能，让垃圾不分类行为"难逃法眼"。《条例》实行后，上海市城管部门开展了专项执法整治行动，集中处罚一批违反新条例规定的单位和个人，形成垃圾分类执法整治高压态势。

图 5-4　分类垃圾运输车

据上海市绿化市容局统计，截至 2019 年 8 月底，《条例》实施两个月，全市可回收物回收量达到 4500 吨 / 日，较 2018 年底增长了 5 倍，湿垃圾分出量达到 9200 吨 / 日，较 2018 年底增长了 1.3 倍，干垃圾处置量低于 15500 吨 / 日，比 2018 年底减少了 26%，上海的生活垃圾分类取得明显效果。

垃圾分类，从来都不是一件简单的事情，包括前端分类、中端运输与后端处理，需要全面统筹和共抓齐管。只有从根本上提高民众意识、加大设施投入并以完善的法律条文保障实施，才能打赢生活垃圾分类的攻坚战、持久战。上海市生活垃圾分类工作为全国要推广垃圾分类的城市作出了榜样，探索了可复制、可推广的成果与经验。

推荐阅读材料：

《上海市生活垃圾管理条例》，2019。

《垃圾分类的"上海样本"》，http://www.bjnews.com.cn/news/2019/07/03/598428.html

5.3 江苏：绿色电网清洁发展

近年来，江苏电网围绕着绿色发展的主题进行能源变革，改变原火电为主的能源结构，引入特高压直流电工程（图5-5），进行智能化电网改造工程，助力江苏的绿色发展。

图5-5 锦屏—苏南特高压直流工程
资料来源：新华网

5.3.1 淘汰落后产能

江苏电网原电源构成主要为火电，其中煤电所占比例为73%左右。高比例的火电造成了江苏雾霾、空气污染等多种问题。2014年江苏省颁布实施了《江苏省大气污染防治行动计划实施方案》，要求淘汰落后产能，推进产业结构和能源结构调整，推进大气污染源头治理。严控小火电机组，推进火电机组"上大压小"（上大发电机组，关停小发电机组）。沿江8个省辖市除上大压小或淘汰燃煤锅炉新增热源外，不再新建燃煤电厂，未来的新增用电需求将通过区外来电解决。

5.3.2 加快能源转型

能源结构转型的关键是提高非化石能源特别是清洁能源在结构中所占比例。我国电力的总体结构是以火电为主，水电集中在水利资源丰富的区域，风电集中在西北地区。江苏是能源消费大省，也是"能源资源小省"，是全国最缺电的省份之一。苏州电网2006年成为全国首个最高负荷超千万千瓦的地市电网，"十一五"期间，苏州用电量年均增长超过12.6%。

江苏电网发挥特高压远距离、大容量、低损耗输送电能的优势，将清洁能源从能源富集地源源不断地输送至本地（图5-6）。2012年，

图5-6　1000kV特高压练塘站鸟瞰图
资料来源：汇图网

锦屏—苏南 ±800kV 特高压直流工程运行，为江苏输送来自四川的清洁水电。2016 年，锦苏线交付了 354 亿千瓦时电力，相当于输送煤炭 1652 万吨，减少排放二氧化碳 3186 万吨。实现了"煤从空中走，电送全中国"的战略构想，相当于节约了京杭大运河三分之一的运力。随着淮南-南京-上海特高压、晋苏、锡泰特高压工程投产，江苏全面进入特高压时代。2020 年，江苏预计将建成"六交四直"特高压工程，形成强交强直受端电网。

此外，江苏省也是风能大省和科技大省，抓住技术能源革命，大力发展风电。目前，海上风电、分布式光伏并网装机分别居全国第一和第三位。

5.3.3 两个替代

江苏省积极扩大电能在终端消费环节上的利用范围，转变电能为支撑现代信息社会和数字经济的主要能源品种。通过"以电代煤、以电代油"实现电能替代，最终提高电能在终端能源消费中的比重。

"以电代油"建设绿色港口，促进污染防治。面对船舶运输靠岸期间的燃油污染，2010 年连云港港口集团在江苏电力公司的支持下，率先建成全国首套高压岸电系统。岸电系统通过岸上供电相关设施向靠港船舶提供电能，由此大幅度降低船舶靠港期间燃油发电机的污染问题。江苏电力大力推广岸电全覆盖工程，陆续在南京龙潭港、盐城大丰港等地出资建成了一批岸电示范项目，实现江、河、湖、海岸电系统全覆盖。

另外，飞机同样适用"电能替代"。目前，江苏推动"陆电登机"的项目，已在禄口、扬泰等 8 个机场 58 座廊桥实施"以电代油"，极大地推动了交通设施的绿色化进程。

5.3.4　构建智能电网

2015年江苏省政府与国家电网公司签署《建设坚强智能电网战略合作框架协议》，"十三五"期间，双方将共建苏州智能电网应用先行区、苏州工业园区智能电网应用示范区。[1] 2016年，国网江苏省电力公司与苏州市政府签署苏州国际能源变革发展典范城市智能电网项目合作协议。[2]

借此契机，苏州打造国际能源变革发展典范城市，开展智能电网建设2017年行动计划，其中包括大规模源网荷友好互动系统示范工程、500kV统一潮流控制器（Unified Power Flow Controller，简称UPFC）示范工程和苏通气体绝缘金属封闭输电线路（Gas-insulated Metal Enclosed Transmission Line，简称GIL）综合管廊工程等三项标杆工程建设行动。大规模源网荷友好互动系统示范工程是江苏省电力公司应对大受端电网安全运行的世界首创，能实现对工厂非连续性生产负荷以及热水器、空调、冰箱等家庭用电负荷等进行精准实时控制，届时，苏州将具备百万千瓦（110万千瓦）可中断负荷毫秒级紧急控制能力，极大地提高了电网的安全性能。苏通GIL综合管廊工程完成之后，华东特高压环网将形成巨大的"蓄电"平台，构建全球能源互联网、加快能源转型。

推荐阅读材料：

《探索以电为核心的现代城市绿色发展之路》，http://www.js.xinhuanet.com/2017-03/31/c_1120729916.htm

---

[1]《建设智能电网 推动能源变革：江苏苏州供电公司全力推进典范城市建设》，《国家电网报》2017年4月25日

[2] 沈伟民、李维：《助推苏州能源变革发展》，《国家电网》2018年4月。

5.4 库里蒂巴:公交都市的典范

库里蒂巴是巴西巴拉那州首府,市区面积 432km²,2017 年常住人口近 200 万,是全球最宜居的城市之一,被誉为巴西的生态首都。20 世纪 70 年代以来,库里蒂巴坚持公共交通系统与城市空间发展结构相协调,目前全市公共交通通勤出行比例已达到 70% 以上,极大缓解了交通拥堵等城市病,也为城市带来更加清新的空气,成为巴西小汽车使用率最低的城市,被公认为城市交通国际典范(图 5-7)。

图 5-7 库里蒂巴公共交通
资料来源:《可持续发展的交通:发展中城市政策制定者资料手册》

5.4.1 多层次的公交线网

库里蒂巴公交线网总计 390 余条，由快速线路、环城线路、直达线路、接驳线路等多种类型构成，是一个明显的蜘蛛网状空间结构，覆盖了全市 1100km 的道路，其中公交专用道约 100km。从功能上看，它是一个"干线加支线"的系统，核心是让乘客通过环城线路换乘快速线路、再换乘接驳线路，以实现不同线路、各个方向线路的便捷连通（图 5-8）。

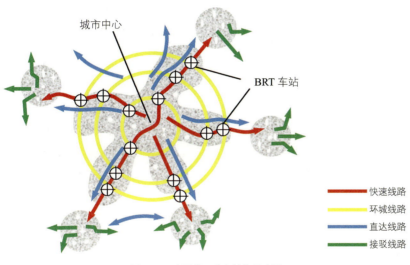

图 5-8　库里蒂巴公交结构示意图

5.4.2 多样化、便捷换乘公交车站

库里蒂巴的公共交通车站共分为圆筒式车站、大型公交站和传统车站三类。圆筒式车站参照地铁车站实行封闭式管理，在车站内刷卡或购票，减少上车购票和排队登车时间，并可通过圆筒式车站实现同站同台免费换乘。站台进行水平登车设计，进站口安装自动升降装置，保证年老者和残疾人方便使用公共交通系统。同时，将公用电话亭、邮局、报刊亭及小型零售商店与候车亭一同布置，为乘客提供更大的方便（图 5-9）。

图 5-9 库里蒂巴公交站

登车专用管道支持 5 个门上下车。车门朝外开，随即放下登车踏板，乘客便可以如履平地似的登上汽车

资料来源：上图来自视频《Curitiba Public Bus Transit System》，下图来自《公共交通一体化和公交联盟》

5.4.3 人性化、低污染的公交车辆

公交车辆以大功率、大容量为主，载客人数为 270 人、170 人、105 人等多种类型，车身颜色表明线路的等级、服务功能及服务区域。公交车辆客门外布置可控制的连接板，行驶时连接板收起立于车辆外侧，到站时连接板放平与站台搭接，乘客上下车可在 30 秒内完成。据统计，上下班高峰时段，载客 270 人三节车厢公交车（图 5-10）发车间隔为 1.5 分钟一班，每小时单方向可运送乘客 10800 人，超过城市轻轨的运送能力。[1] 同时，注重生物燃料、电动等新能源公交车辆的使用，减少污染物排放，降低能源消耗。[2]

---

[1] 陆化普：《库里蒂巴发展公共交通的经验与启示》，《北京快速公交系统发展战略研讨会文集》2003 年。

[2] 赵坚、赵云毅：《"站城一体"使轨道交通与土地开发价值最大化》，《北京交通大学学报：社会科学版》2018 年第 17 期。

图 5-10 库里蒂巴三节式铰接公交车
资料来源：视频《Curitiba Public Bus Transit System》

5.4.4 围绕公交进行土地开发

实施沿轴线发展的城市结构设计，严格按照 5 条快速交通走廊呈组团式发展。每条快速交通廊道被设计为一个"三分路系统"，其中一条大道通向城市中心，另一条通向城郊，第三条处于以上两者之间的中央并拥有两条严格的公交专用道。沿快速交通走廊集聚开发，离快速交通走廊越近的土地开发强度越高，反之越远开发强度越低，鼓励商业、居住、办公等的混合土地利用开发，使快速交通走廊两侧产生均衡双向客流。

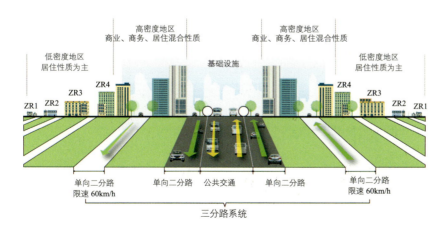

图 5-11 库里蒂巴三分路系统

5.4.5 建设经验与启示

一体化的公共交通与城市土地利用。公共交通与城市结构轴线融为一体，人口和就业岗位沿快速交通走廊集聚发展，以此构建城市发展形态。公共交通成为指导城市增长和贯彻城市规划思想的重要工具，在市政服务设施、商业活动和居住区等之间架起桥梁。

有力的公交优先保障，被打造为"路面地铁系统"。构建主次分明、快慢结合的地面公共网络体系，主要客流走廊以高容量的快速线路、直达线路承担，辅以公交专用道保障及在沿线进行精细化的管理，确保公交优先的实施效果。公交车辆行驶于普通路面，但却具有许多地铁的特征，如在登车前售票、便捷乘客快速上下车及高效、可信的公交服务，常被称为"路面地铁系统"。[1]

推荐阅读材料：

邓智团：《经济欠发达城市如何应对快速城市化——巴西库里蒂巴的经验与启示》，《城市发展研究》2015 年第 22 期。

曹更立：《国外经验对中等城市常规公交改善的启示》，《中国城市交通规划年会论文集》2016 年第 8 卷。

---

[1] 邓智团：《经济欠发达城市如何应对快速城市化——巴西库里蒂巴的经验与启示》，《城市发展研究》2015 年第 22 期。

5.5 广州：从邻避走向邻利的京溪污水处理厂

为了减少水体污染，我国建设投资了一大批污水处理厂。其工艺组成、建设规模各异，但在建设形式上，绝大多数采用地上式。由于传统污水厂散发恶臭、噪声和外形粗放的原因，一定程度上污水处理厂在净化污水的同时，自身又成为新的污染源，对周边环境产生了不良影响。为更好地节约土地、保护生态环境，特别是妥善解决邻近居民的担忧，"地下污水厂"应运而生。[1]

广州京溪污水处理厂选址因用地难以落实而经历了漫长的过程，最后创新思路，按地埋式设计落实用地，并成功建成运行（图 5-12）。[2]

1 周建忠、张学兵、靳云辉：《地下式污水处理厂建设发展趋势》，《西南给排水》2012 年第 1 期。

2 邱维：《广州京溪地下污水处理厂设计经验总结》，《中国给水排水》2011 年第 27 期。

图 5-12　广州京溪地下污水处理厂

5.5.1 项目概况

广州京溪污水处理厂是广州市迎亚运会河涌改造配套项目，位于白云区沙太北路以东、犀牛南路以北地段，用于处理河涌上游流域污水。该项目是我国首座全地埋式膜生物反应器污水处理厂，日处理污水 10 万吨。整个处理工艺采用全地埋式，采用 20m 两层布局，是国内单位水量占地面积最小的污水处理厂，相当于传统工艺面积的十分之一。

项目的选址历经三年，先后 5 处选址，但均因不能落实而搁置。项目选址附近人口稠密，城市建设密度大，征地协调难度极大。尤其是很多居民一开始极力反对在周边建设污水处理厂，认为噪声和污染会损害身体健康。为此，政府部门和项目方想方设法，做了大量的宣传和解释工作，消除其疑虑。为了尽量减少征地，最后决定采用地下污水处理厂方式，将主要工艺池体及构筑物全部埋于地下，地面用于景观绿化（图 5-13）。采用节地的膜生物反应器（Membrane Bio-Reactor, 简称 MBR）污水处理新技术，采用地下空间立体开发的方式。最终，污水处理厂的设计建设工作开始迅速推进，2010 年 9 月污水处理厂建成并运行。

图 5-13　京溪污水处理厂结构示意

5.5.2 地下污水厂选址创新

传统的地上污水厂，厂址应该与城镇工业区、居住区保持300m以上的距离。但是地下污水厂在理论上防护距离可以做到"零距离"（具体根据环评确定）。

京溪污水处理厂厂址被城市居民区包围，选址面积极小，且厂区周边环境极为不利。地下污水处理厂因为厂区的构筑物全部埋在地下，不会影响周边的自然环境和景观环境。且机械噪声和震动也不会对地面产生影响，有效防止了噪声的污染。为此，突破了传统的污水处理设施周围的卫生防护要求。地下全封闭管理，对产生的臭气进行全面处理，对环境和城市居民生活不产生影响。

5.5.3 建设形式的创新

地下污水处理厂不仅将对周边环境和建筑整体视觉影响降至最低，而且建成后将改善地面环境条件，能够起到美化区域、提升周边土地利用价值的作用。通过土地的立体使用，探索出污水处理厂高效、节约、复合型的土地利用模式。京溪地下污水处理厂构筑物全地下式布置，地面设计为绿化和园林式建筑，地面的生态景观彻底打破了人们对污水处理厂的传统认识。改变常规的分散布局模式，将各种设备间、处理构筑物组团化、集成化。

5.5.4 处理工艺的创新

京溪地下污水处理厂将先进的全地埋式理念和MBR污水处理技术相融合。先进的MBR技术通过层层的净化模式，使京溪地下污水处理厂处理出水水质达到《城镇污水处理厂污染物排放标准》GB 18918—2002的一级A标准，直接作为沙河涌景观补水（图5-14），

图 5-14　京溪污水处理厂出水口

从根本上改善了下游 12km 沙河涌河道干流两岸环境景观。[1]

5.5.5 经验启示

地下污水厂的技术已经成熟，应用效果良好，是水污染治理建设的新的发展方向。地下污水处理厂因为面积小而节省拆迁费用，能够减少地上污水处理厂因为异地选址而产生的工程费用。从城市景观和整体效益而言，地下污水厂的性价比要高于地上污水处理厂。

广州京溪地下污水处理厂的建成和成功运行，探索了一种污水处理厂高效、集约用地的新模式，为城市中心区污水处理厂选址及建设提供了新的思路和重要借鉴。

---

[1] 邱维：《广州京溪地下污水处理厂设计经验总结》，《中国给水排水》2011 年第 27 期。

推荐阅读材料：

汪传新、邱维：《广州京溪地下污水处理厂建设实践与思考》，《中国给水排水》2011 年第 27 期。

邱维：《广州京溪地下污水处理厂设计经验总结》，《中国给水排水》2011 年第 27 期。

5.6 南宁：智慧化城市防涝预警监控系统

根据南宁市海绵城市建设项目投资计划及2016年南宁市城建计划安排，南宁市城市管理局作为项目业主承担了南宁市防涝项目的建设。该项目建成了一个感知、分析、服务、指挥和监察"五位一体"的智慧化城市防涝预警监控系统，达到了海绵城市建设的预期目标（图5-15）。

5.6.1 项目概况

广西南宁属于亚热带季风气候，年平均降水量达1300mm。以往每逢暴雨，南宁市区就是一片"汪洋大海"。在过去，南宁在应对内涝洪灾的问题上只能通过天气预报这一渠道来获取气象预警消息，工

图5-15 南宁扎实推动海绵城市试点建设
资料来源：站酷海洛

作人员无法全面获取水情、雨情及道路积水情况。而工作在一线的防涝人员仅依靠简陋的装备和人的感知，往往不能及时有效地掌握地面的积水信息，无法将数据第一时间上报给上级管理人员，这也使得管理人员对一线人员的调度缺乏时效性。

5.6.2　防涝系统建设

防涝在线监测系统以一张图数据为基础，通过数据图表、动态曲线、视频监控等方式，综合显示防涝相关信息。

排水模型分析系统在积水点水位、灌渠流量、降雨信息、基础地形、泵站信息和排水设施等基础信息上，建立了南宁市区300多平方千米一年一遇到一百年一遇的排水模型。当南宁市区出现降雨的时候，系统可以根据降雨强度，借助水力模型，仿真分析市区管井、管道超载情况，市区积水及内涝程度，形成全市内涝风险图。通过模拟管道内的水流情况，还可以发现排水设施可能存在的问题和隐患。

防涝应急指挥系统是根据南宁市防涝工作与城区两级联动工作机制，以及事前、事中、事后三段式的管理模式建设的。事前，需要录入防涝物资、应急人员和应急联络网，并设置好预案模板。事中，是指在收到气象预警信息后，市防涝办根据气象预警等级启动相应级别的预案，通知到下级成员单位。事后，一线人员利用防涝系统移动端采集涝情信息，并将信息上报给上级领导。

排水管网信息系统提供了排水管网信息查询、统计、分析及量算等功能，可对管网横断面、纵剖面及上下游进行分析。通过10多路光纤，接入气象、公安、规划、水文等多个部门与防涝工作相关的信息数据，整合气象图、降雨格点图、雨量观测站数据、排水管网基础数据和交警视频等，建成112个重要点位液位监测、8路排水泵站监测、15个排水管网关键节点流量监测及19路易涝点地面视频监测。

排水设施管理系统实现了对排水设施养护业务的信息化管理、排水设施维护工程的可视化管理和监督考核管理。

另外，该项目还开发了防涝系统移动端和微信公众号，利用防涝系统移动端进行防涝工作上报下达和现场问题上报，移动端也能通过直观的数据展示南宁市实时的涝情信息。

5.6.3 防涝系统建设成果"1-2-5"成果体系

经过一年多的建设和运行，项目形成了"1-2-5"成果体系，包括防涝预警一张图、两套网络和五大核心应用。

"1"指的是防涝预警"一张图"。预警"一张图"涵盖了静态的电子地图数据、影像图数据、排水管网数据，动态的雨量监测、水位监测、流量监测、泵站监测和视频监控等多维度的信息，构建了一个从空中到地面再到地下的立体化的监测感知体系，对水流路径的整个过程的液位数据都进行了监测，为五大核心应用提供数据支撑（图5-16）。

"2"代表了两套网络，即立体化感知网和防涝一体化指挥网。立体化感知网依靠政务外网和互联网搭建而成，通过这个网络架构，南宁市把各个城区以及成员单位共享过来的与防涝工作相关的数据信息都整合进防涝系统中，从而更加全面地掌握实时的涝情信息。防涝一体化指挥网实现了市区两级防涝应急调度工作的扁平化管理，通过系统实现对各部门与成员单位的防涝调度，提高了部门间联动的效率。

"5"也就是五大核心应用：防涝在线监测系统、排水模型分析系统、防涝应急指挥系统、排水管网信息系统和排水设施管理系统。

5.6.4 经验与启示

排水防涝预警监控信息系统运行以来，取得了较大的成果。通过系统的实时监控功能，防汛工作人员可以实时查看城市积水状态以及报警信息，并及时调度一线防涝人员去进行污水的引流与排放。防涝工作上传下达的时效性得到有效提升，人员的调配更加科学。借助系统的实时天气预警预测等预警功能，防汛工作人员能够在暴雨来临之前就做好相应防涝准备工作。

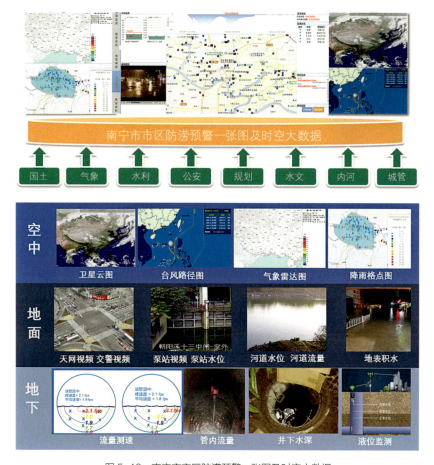

图 5-16　南宁市市区防涝预警一张图及时空大数据

推荐阅读材料：

尹海明：《城市海绵化改造打造人水和谐新景——南宁生态治水成为全国范本》，《南宁日报》2018年6月4日第4版。

市政设施信息化编委会：《住房城乡建设行业信息化发展报告：市政设施管理信息化》，中国建材工业出版社，2018，第62-64页。

参考文献

[1] 习近平. 推动我国生态文明建设迈向新台阶 [J]. 求是，2019（03）.

[2] 习近平. 决胜全面建成小康社会 夺取新时代中国特色社会主义伟大胜利 [EB/OL].（2017-10-27）. http://jhsjk.people.cn/article/29613458.

[3] 习近平总书记在中共中央政治局第二十次集体学习时的讲话 [EB/OL].（2015-01-24）. http://www.xinhuanet.com/politics/2015-01/24/c_127416715.htm.

[4] 习近平. 习近平谈治国理政（第一卷）[M]. 北京：外文出版社，2014.

[5] 扎实推进农村人居环境整治工作 [N]. 人民日报，2019-03-07（5）.

[6] 胡李鹏，樊纲，徐建国. 中国基础设施存量的再测算 [J]. 经济研究，2016（8）：172-186.

[7] The Standards Policy and Strategy Committee. Principles and requirements for performance metrics PD ISO/TS 37151 [S].

[8] 国务院办公厅. 关于印发"无废城市"建设试点工作方案的通知 [EB/OL]. www.gov.cn/zhengce/content/2019-01/21/content_5359620.htm.

[9] 住房和城乡建设部. 海绵城市建设技术指南——低影响度开发雨水系统构建 [EB/OL]. http://www.mohurd.gov.cn/wjfb/201411/t20141102_219465.html.

[10] 住房和城乡建设部 国家发展改革委. 关于印发全国城市市政基础设施建设"十三五"规划的通知 [EB/OL]. http://www.mohurd.gov.cn/wjfb/201705/t20170525_2.

[11] 公安部 住房和城乡建设部. 城市道路交通管理评价指标体系

（2012年版）[EB/OL]．https://wenku.baidu.com/view/20e4368f84868762caaed5a1.html．

[12] 环境保护部 国家质量监督检验检疫总局．交通干线环境噪声排放标准（征求意见稿）[S]．

[13] 住房和城乡建设部．城市综合交通体系规划标准GB/T 51328-2018[S]．北京：中国建筑工业出版社，2018．

[14] 住房和城乡建设部 国家发展改革委．关于印发《国家节水型城市申报与考核办法》和《国家节水型城市考核标准》的通知[EB/OL]．http://www.mohurd.gov.cn/wjfb/201803/t20180301_235261.html．

[15] 交通运输部．关于推进"四好农村路"建设的意见[EB/OL]．http://www.mot.gov.cn/zhengcejiedu/sihaoncl/xiangguanzhengce/201808/t20180810_3056482.html．

[16] 国家市场监督管理总局 中国国家标准化管理委员会．美丽乡村建设评价GB/T 37072-2018[S]．

[17] 国务院办公厅．关于"十三五"期间实施新一轮农村电网改造升级工程意见的通知[EB/OL]．http://www.gov.cn/zhengce/content/2016-02/22/content_5044629.htm．

[18] 安徽省人民政府．安徽省现代基础设施体系建设总体规划（2017—2021年）[EB/OL]．http://xxgk.ah.gov.cn/UserData/DocHtml/731/2017/5/22/852381675810.html．

[19] 中华人民共和国中央人民政府．中华人民共和国建设部令第144号：城市黄线管理办法[EB/OL]．http://www.gov.cn/gongbao/content/2006/content_421779.htm．

[20] 国家发展改革委 国家海洋局等13部委联合印发《资源环境承载能力监测预警技术方法（试行）》[EB/OL]．http://www.gov.cn/xinwen/2016-10/13/content_5118667.htm．

[21] 周敏．资源约束下北京人口承载力研究[D]．北京工业大学，2013．

[22] 《深圳市城市规划标准与准则》进行局部修订[EB/OL]．http://www.sz.gov.cn/cn/xxgk/zfxxgj/zwdt/201711/t20171130_10079216.htm．

REFERENCES

[23] 环境保护部 国家质量监督检验检疫总局. 轻型汽车污染物排放限值及测量方法（中国第六阶段）GB 18352.6-2016[S].

[24] 联合国人居署. 致力于绿色经济的城市模式：城市基础设施优化[M]. 上海：同济大学出版社，2013.

[25] 国家发展改革委 国家能源局. 关于推进多能互补集成优化示范工程建设的实施意见. 发改能源〔2016〕1430 号 [EB/OL]. http://www.nea.gov.cn/2016-07/07/c_135496039.htm.

[26] 广东省交通运输厅. 关于印发广东省城市公共交通发展规划（2016-2020年）的通知[EB/OL]. http://zwgk.gd.gov.cn/006939844/201707/t20170707_712738.html.

[27] 国家发展改革委. 关于创新和完善促进绿色发展价格机制的意见[N]. 中华人民共和国国务院公报，2018-11-30.

[28] 舒印彪. 加快电网互联互通推动能源转型发展 [J]. 中国经贸导刊，2016（34）.

[29] 江亿. 中国建筑能耗状况和发展趋势 [EB/OL]. http://www.360doc.com/content/17/0213/16/33542116_628707419.shtml.

[30] 孔令斌，陈学武，杨敏. 城市交通的变革与规范（连载）[J]. 城市交通，2015，13（06）：9-12.

[31] 汪瑜. 曼哈顿的空中花园——纽约高线公园 [J]. 花木盆景（花卉园艺），2011（6）：40-42.

[32] 丁进锋. 邻避冲突研究现状及其风险认知趋向 [J]. 中国浦东干部学院学报，2017（6）：114-120.

[33] 曹旸. 上海 500 kV 世博地下变电站 90 m 超深一柱一桩施工技术 [J]. 建筑施工，2008，30（11）：929-932.

[34] 李明奎，李烨，冯硕，胡振中，刘震国，田佩龙，袁云峰. 槐房再生水厂工程 BIM 技术应用 [J]. 土木建筑工程信息技术，2019，11（01）：76-83.

[35] 范勇. 城镇污水厂污泥处理处置现状分析及其工程方案论证 [J]. 净水技术，2018，37（05）：93-96.

[36] 蚂蚁金服集团研究院. 新空间·新生活·新治理——中国新型智慧城市·蚂蚁模式白皮书（2016）（节选）[J]. 杭州科技，2017

（04）：28-38.

[37] 袁倩，郝丹丹．浅析人工智能背后的问题 [J]．法制与社会，2018（22）：211-213.

[38] 王炜，过秀成．交通工程学 [M]．南京：东南大学出版社，2000.

[39] 向鑫．轨道交通型地下综合体疏散空间设计研究 [D]．北京工业大学，2012.

[40] 冯永民．基于人性化的城市生活性街道空间设计策略研究 [D]．河北工程大学，2017.

[41] 岳芳宁．城市变电站建设形式及其建筑外观概述 [J]．四川建筑，2017，37（05）：30-33.

[42] 刘严萍．韧性视角下城市生命线设施智慧管控发展展望 [J]．城市管理与科技，2018，20（06）：35-37.

[43] 邱爱军，白玮，关婧．城市基础设施更新的国际经验借鉴 [EB/OL]．http://www.crd.net.cn/ 2018-11/15/content_24739628.htm

[44] 鄂竟平．工程补短板 行业强监管 奋力开创新时代水利事业新局面——在2019年全国水利工作会议上的讲话（摘要）[J]．中国水利，2019（02）：1-11.

[45] 王会．河口村水库工程顺利通过竣工验收 [N]．济源日报，2017-10-20（1）．

[46] 上海市农村经济学会．绿水青山换来金山银山——浙江省美丽乡村建设、农家乐旅游调研报告 [J]．上海农村经济，2017（11）：4-9.

[47] 吕月珍，潘扬，孔朝阳．农村生活垃圾治理"浙江模式"调查研究 [J]．科技通报，2018，34（12）：254-259+264.

[48] 建设智能电网 推动能源变革：江苏苏州供电公司全力推进典范城市建设 [N]．国家电网报，2017-04-25.

[49] 沈伟民，李维．助推苏州能源变革发展 [J]．国家电网，2018（04）：30-31.

[50] 陆化普．库里蒂巴发展公共交通的经验与启示 [A]．中国城市公共交通协会、北京交通发展研究中心．北京快速公交系统发展战略研讨会文集 [C]．

[51] 赵坚，赵云毅．"站城一体"使轨道交通与土地开发价值最大化

[J]．北京交通大学学报（社会科学版），2018，17（04）：38-53．

[52] 本刊综合．浅析农村垃圾分类处理——金华模式[J]．湖南农业，2018（02）:32．

[53] 孟然．垃圾分类的"上海样本"[EB/OL]．http://www.bjnews.com.cn/news/2019/07/03/598709.html．

[54] 邓智团．经济欠发达城市如何应对快速城市化——巴西库里蒂巴的经验与启示[J]．城市发展研究，2015，22（02）：76-81．

[55] 曹更立．国外经验对中等城市常规公交改善的启示[A]．中国城市规划学会城市交通规划学术委员会．2016年中国城市交通规划年会论文集[C]．

[56] 世纪交通网．库里蒂巴的世界级公交都市是怎么建成的[EB/OL]．http://www.sohu.com/a/292055080_818343?sec=wd&spm=smpc.author.fdd.5.1555320697431ot4mZoF．

[57] 周建忠，张学兵，靳云辉．地下式污水处理厂建设发展趋势[J]．西南给排水，2012．

[58] 邱维．广州京溪地下污水处理厂设计经验总结[J]．中国给水排水，2011，27（24）：47-49．

[59] 汪传新，邱维．广州京溪地下污水处理厂建设实践与思考[J]．中国给水排水，2011，27（08）：10-13．

[60] 尹海明．城市海绵化改造打造人水和谐新景——南宁生态治水成为全国范本[N]．南宁日报，2018-06-04（4）．

[61] 市政设施信息化编委会．住房城乡建设行业信息化发展报告：市政设施管理信息化[M]．北京：中国建材工业出版社，2018．

后记

传统的观念和传统的发展模式对基础设施的效率特别是生态效率重视不足，不符合新发展理念对高质量发展的要求。为此，我们在本书中有意加大了人与自然和谐共生以及生态效率的论述篇幅，以期为致力于绿色发展的城乡建设作一注脚。

在本书编委会的全程指导下，编写小组召开十余次讨论会，数易其稿。在此感谢本书编写小组的辛勤付出：感谢广州市交通规划研究院的马小毅副院长及其团队对本书的支持，马院长长期从事城市交通规划和交通研究工作，对交通基础设施和道路对基础设施的抓手作用认识深刻；感谢广东首汇蓝天工程科技有限公司的隋军博士，隋博士在水环境与垃圾处理领域长期耕耘，具有独到的见解。感谢本院的刘名瑞副总工程师和池飞帆、高梦媛、刘磊等同志在资料搜集、沟通协调、图文整理等方面做了大量基础性和专业性的工作。

感谢广州奥格智能科技有限公司的陈顺清博士及其团队，陈博士参与了全国多地基础设施信息平台的建设，对基础设施智能化发展及应用的阐述极具启发性。感谢中国南方电网有限责任公司的徐兵等专家，为绿色电网方面的内容提供了宝贵的素材。全书章前页图片均由站酷海洛提供。

　　住房和城乡建设部城市建设司牵头，村镇建设司、工程质量安全监管司协助本书编写工作，并对书稿进行了认真的把关。

　　当然，限于编写小组的认知水平和实践经验，也因为基础设施日新月异的发展速度，本书的内容还需要不断地修正完善。如蒙读者不吝分享经验体会或提出意见建议，我们将不胜感激。

周鹤龙

2019 年 5 月